装配式混凝土建筑

常见质量问题防治手册

上海市建设工程安全质量监督总站
上海市建设协会
组织编写

中国建筑工业出版社

图书在版编目（CIP）数据

装配式混凝土建筑常见质量问题防治手册 / 上海市建设工程安全质量监督总站，上海市建设协会组织编写 . —北京：中国建筑工业出版社，2020.7

ISBN 978-7-112-24966-4

Ⅰ . ①装…　Ⅱ . ①上…　②上…　Ⅲ . ①装配式混凝土结构—建筑工程—工程质量—质量管理—手册　Ⅳ . ① TU712.3-62

中国版本图书馆 CIP 数据核字（2020）第 041779 号

近年，在国家和地方政策的大力推动下，装配式建筑进入快速发展阶段。本书编委会经广泛调查、专题研究，总结了装配式建筑实践过程中暴露出的普遍性问题。全书共分为四个部分，包括：设计篇、生产篇、施工篇以及检测篇。通过从各个阶段采集普遍性问题、分析影响因素、进而提出具有指导性的防治措施。本书内容精炼，具有较强的实用性和指导性，可供装配式建筑从业人员参考使用，也可作为相关从业人员培训教材。

责任编辑：王砾瑶
责任校对：张　颖

装配式混凝土建筑常见质量问题防治手册

上海市建设工程安全质量监督总站
上海市建设协会　组织编写

*

中国建筑工业出版社出版、发行（北京海淀三里河路9号）
各地新华书店、建筑书店经销
北京点击世代文化传媒有限公司制版
北京京华铭诚工贸有限公司印刷

*

开本：787×960毫米　1/16　印张：6¼　字数：107千字
2020年7月第一版　2020年7月第一次印刷
定价：43.00 元

ISBN 978-7-112-24966-4
（35715）

本书编写委员会

组织编写单位：

上海市建设工程安全质量监督总站
上海市建设协会

主　　编： 马海英

副 主 编： 李伟兴　王　俊

参编单位：

上海中森建筑与工程设计顾问有限公司
上海天华建筑设计有限公司
上海兴邦建筑技术有限公司
上海现代建筑设计集团工程建设咨询有限公司
同济大学建筑设计研究院（集团）有限公司
上海经纬建筑规划设计研究院股份有限公司
上海构智建筑科技有限公司
中交浚浦建筑科技（上海）有限公司
上海利物宝建筑科技有限公司
上海市建筑科学研究院有限公司
桑莱斯（上海）新材料有限公司
上海君道住宅工业有限公司
上海建工五建集团有限公司

参编人员（以姓氏笔画为序）：

丁付革　丁安磊　王丽娟　王莉峰　刘海东　汤明长
许佳锦　许　博　肖　顺　吴宏磊　邹道领　宋　培
张伦生　张祖德　陈一凡　陈卫伟　陈铁峰　周　雄
周　影　徐佳彦　高润东　黄天磊　曹刘坤　常斯嘉
韩亚明　韩　楠　谢士华　樊蕾雷　潘　峰

序

近年来，在各级领导的高度重视下，上海市装配式建筑总体情况良好，通过体制机制建设、政策引导、市场培育、产业链发展、鼓励技术创新、加强事前事中监督管理等一系列措施，累计落实装配式建筑规模超 1 亿 m^2，产业链已具雏形，装配式建筑发展水平总体位居全国前列。

上海市建设工程安全质量监督总站和上海市建设协会组织行业骨干企业及专家通过案例收集、问题梳理、原因分析，共同编制了这本《装配式混凝土建筑常见质量问题防治手册》，对总结经验做法、规避同类问题具有很好的参考作用。

希望本书能够帮助相关企业及项目真正实现“两提两减”（即提高质量、提高效率、降低消耗、降低成本）的目标，促进装配式建筑新一轮高质量发展。

上海市建设协会　黄健之

2020 年 6 月 19 日

前言

近年来，在国家和上海市相关政策的大力推动下，上海市装配式建筑已步入高质量发展阶段，至今已累计落实装配式建筑超过 7600 万 m^2，新建建筑落实比例处于全国领先水平。但在实践过程也暴露出一些问题，这些问题具有常见性、普遍性，需要及时进行梳理、总结。在上海市建设工程安全质量监督总站的指导下，由上海市建设协会建筑工业化与住宅产业化促进中心牵头，行业多家骨干企业共同参与编制了这本《装配式混凝土建筑常见质量问题防治手册》。

编委会通过广泛调查、专题研究、认真总结，参考相关标准及规范，并在广泛征求意见的基础上，编制了本手册。本手册分为：设计、生产、施工、检验四个章节，通过从各个阶段采集普遍性的问题、分析影响因素，进而提出具有指导性的防治措施。旨在帮助企业在项目实施过程中避免同类型问题的重复发生，进一步提升整体质量及工程建设的综合效益，提高行业的整体水平。

部分特殊个例及因从业人员水平、工人责任心等导致的质量问题不在本次采集范围内。本手册防治措施仅代表编写组意见，供广大企业参考，希望各单位在实践过程中注意总结经验、积累资料，不吝提出宝贵意见，以供今后修订时参考。编委会邮箱：shpc2016@163.com。

目　录

一、设计篇　001

二、生产篇 031

三、施工篇 053

一、设计篇

1. 次梁布置方式不合理导致连接复杂、施工困难

【原因分析】

装配式结构设计时容易忽视次梁的优化布置，仍按照现浇思维设计成“井”字、“十”字次梁，如图 1-1 所示。由于预制梁都是单根生产，两方向交叉次梁须在交点处断开，交叉处需考虑钢筋避让、先断后连等繁琐的技术措施。次梁断开处现浇还需搭设支撑排架及模板等施工也较为麻烦，因此往往造成装配式结构施工效率低、成本高。

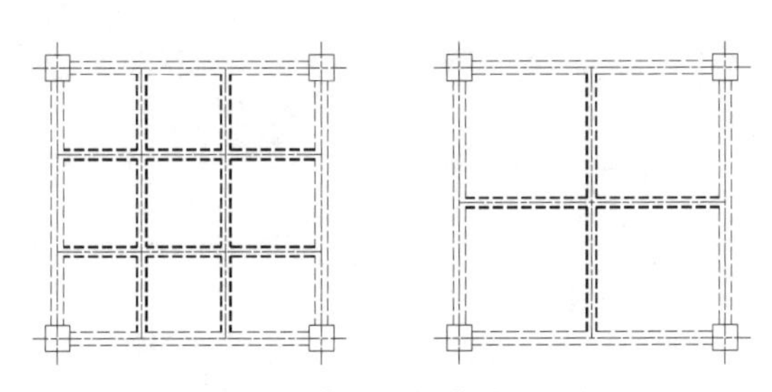

图 1-1 “井”字、“十”字次梁布置

【防治措施】

（1）基于装配式结构预制构件的生产与施工特点，次梁应优先采用单向平行布置，如图 1-2 所示。次梁单向布置的优点是构件生产简单，施工安装快捷。

（2）对于普通住宅的开间跨度而言，在综合考虑技术性与经济性后，建议尽量减少次梁数量甚至无次梁。尽管楼板厚度会因此而加厚，但有利于大空间可变户型设计及后期改造的需求，也有利于上下楼层的隔声与隔振。

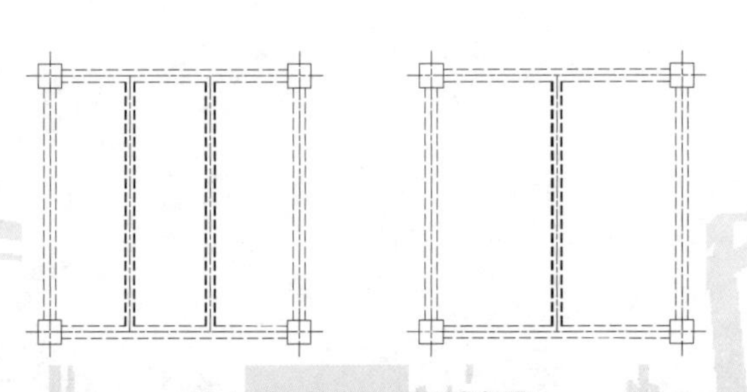

图 1-2 单向次梁平面布置

2. 剪力墙布置方式或构件拆分方案不合理

【原因分析】

（1）由于结构设计缺乏装配设计概念，墙肢按现浇结构思维方式布置成“Z”形、“U”形，使得构件专项设计被动进行。

（2）预制剪力墙构件被动设计的三种方案如图 1-3 所示。方案一构件预制率较高，预制构件完整，但异形预制构件制作难度大，与梁连接部位施工安装困难。方案二预制墙均设置为“一”字形，生产制作简单，但构件拆分较零碎，现浇范围大，边缘构件支模及钢筋绑扎效率低下。方案三预制构件相对简单，考虑了与梁连接部位的施工可操作性，但现浇范围仍较大，施工效率也不高。

【防治措施】

在保证结构受力满足的前提下，可取消部分小墙垛，采用“L”形墙进行布置，平面布置及拆分建议如图 1-4 所示。

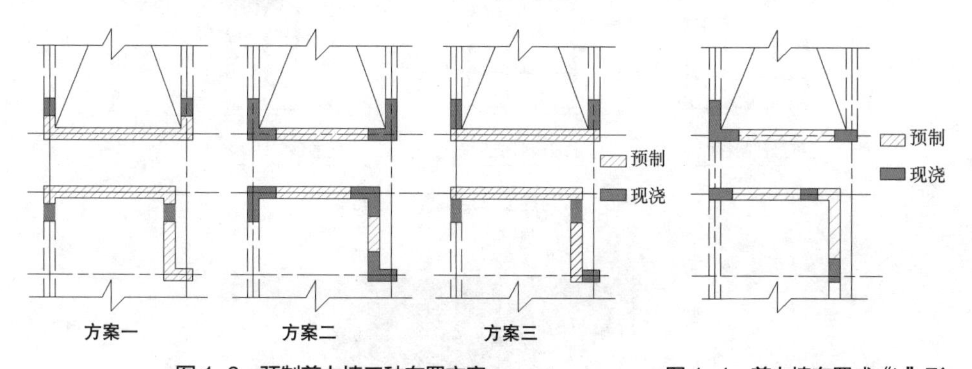

图 1-3　预制剪力墙三种布置方案

图 1-4　剪力墙布置成“L”形

3. 预制柱上下层截面收进不合理、纵筋变化不合理

【原因分析】

（1）当柱截面尺寸变化为双向各缩小 100mm 时，不宜采用四边同时收进 50mm 的方式，如图 1-5、图 1-6 所示。由于四边同时收进时，上层柱纵筋需从下层柱伸出，常常采用弯折或另行插筋搭接的形式，会导致节点核心区钢筋过于密集、纵筋定位困难等问题，而影响构件安装质量。

（2）上下层柱截面变化时，纵筋位置未兼顾上下层对应关系，导致上柱套筒与下柱伸出筋位置对不上。

（3）预制柱套筒规格选用时仅考虑当前层柱纵筋直径，而未考虑兼顾下层柱伸出纵筋直径变化的因素，导致套筒选用错误。

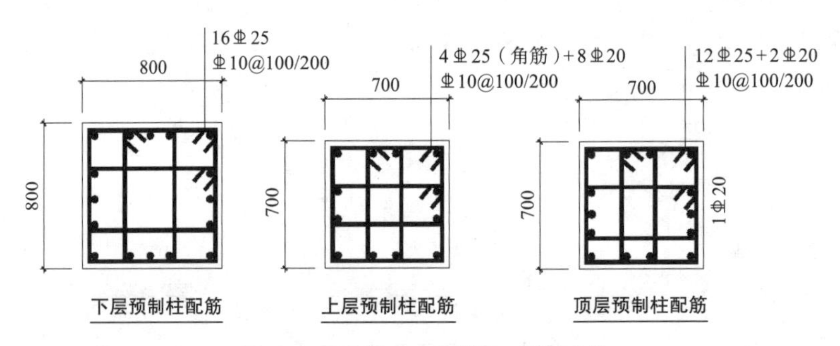

图 1-5　预制柱上下层截面、配筋变化

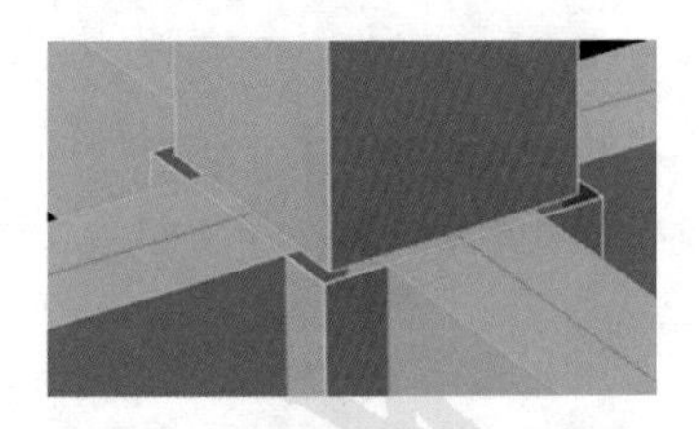

图 1-6　预制柱截面四边收进

【防治措施】

（1）柱截面变化时宜采用相邻两侧单边收进方式，且每边收进不宜小于100mm。角柱和边柱一般能满足外侧对齐、内侧变化的单边收进的要求，对于中柱需要在建筑设计时就与内部空间统筹考虑。单边收进100mm的预制柱边筋上端可采用锚固板方式收头，有利于现场施工。

（2）上下层柱截面变化会使得纵筋规格或数量也随之变化，设计时除了下柱侧边的收头纵筋，其余纵筋应保持相同平面位置内的根数与位置关系不变。预制柱详图设计时不能仅考虑本层配筋情况，还应当从下至上贯通考虑，才能保证预制柱钢筋的合理设置。

（3）上下层柱纵筋变直径时，上层预制柱套筒应根据上下层柱纵筋中的大直径来选用，否则会不满足《钢筋套筒灌浆连接应用技术规程》JGJ 355相关规定，造成结构安全隐患。上下层柱纵筋直径级差应控制不大于二级。

4. 预制钢筋桁架叠合楼板布置及配筋设计不合理

【原因分析】

（1）结构设计未考虑预制桁架钢筋叠合楼板规格的标准化，仍在填充墙下布置次梁，导致预制桁架钢筋叠合楼板板型过多，降低了装配效率。

（2）预制桁架钢筋叠合楼板板底纵筋间距种类过多，导致预制桁架钢筋叠合楼板模具种类偏多，如图 1-8 所示。

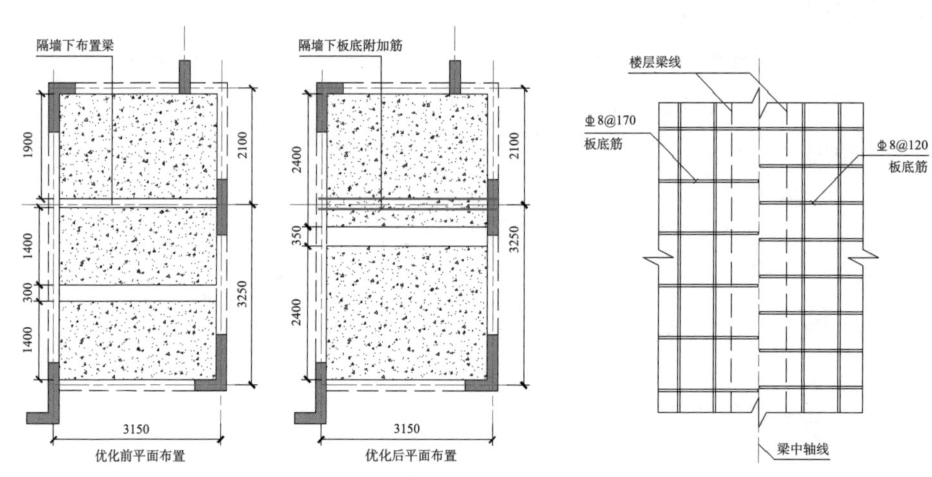

图 1-7　预制钢筋桁架叠合楼板布置优化

图 1-8　叠合板底筋间距不满足 50mm 模数要求

【防治措施】

（1）内隔墙下不布置次梁时，可采用预制底板中附加加强筋的方式，如图 1-7 所示。

（2）预制桁架钢筋叠合楼板尺寸选择宜在满足运输要求前提下，尽量将构件尺寸做大，以减少构件数量，提高装配效率。

（3）通过调整现浇段宽度，归并预制桁架钢筋叠合楼板宽度，减少预制桁架钢筋叠合楼板规格。

（4）钢筋间距应满足标准化、模数化要求，钢筋间距宜为 200mm、150mm、100mm。

5. 叠合楼板现浇层管线布置困难或板面钢筋保护层不足

【原因分析】

（1）机电点位设置过于集中，导致楼板现浇层内管线局部汇集，发生管线两层甚至三层交叉的情况，如图 1-9（a）所示。

（2）预制钢筋桁架叠合楼板阳角附加筋仍按现浇设计思路采用放射状的布置方式，导致钢筋重叠，板面钢筋保护层厚度不足。

（3）桁架筋高度设计有误，未考虑桁架钢筋与板面钢筋的交织关系，导致板面筋桁架筋下净空不足，正确做法如图 1-9（b）所示。

（4）深化设计未对现场钢筋敷设顺序提出要求，如图 1-9（c）所示，板面双向钢筋均布置于桁架上弦筋之上，导致现场板面钢筋保护层厚度不足或现浇层偏厚的情况发生。

【防治措施】

（1）机电设计时，点位应分散布置，减少管线交叉。当管线两层交叉时，现浇层厚度不宜小于 80mm。公共部位等管线较集中区域楼板宜采用现浇。

（2）预制钢筋桁架叠合楼板现浇层内阳角附加筋宜采用正交方式，且与负筋同向同层布置。

（3）预制钢筋桁架叠合楼板现浇层厚度应考虑现场钢筋放置顺序，以桁架筋作为楼板双层面筋的马凳筋时，现浇层厚度不宜小于 90mm。

（4）有条件的情况下建议采用管线与主体结构分离的技术。

（5）施工单位应考虑钢筋排布、管线布设的顺序，管线布置应事先绘制排布图，避免现场随意布设。

（a）机电管线布置过于集中

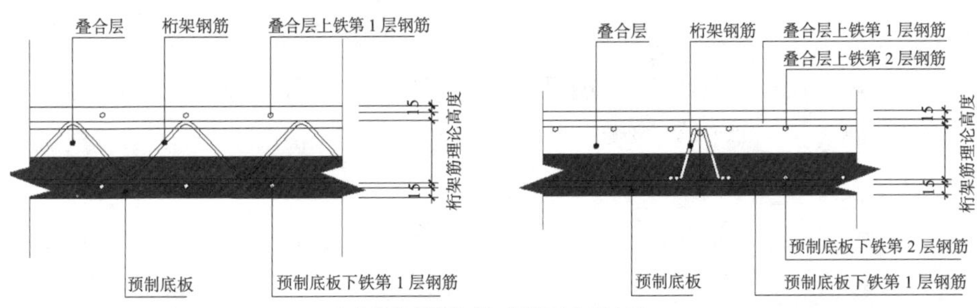

（b）桁架钢筋与板面钢筋的交织布置

（c）现场板面钢筋放置位置与设计不符

图 1–9　预制钢筋桁架叠合楼板管线集中、现浇层厚度取值有误

6. 预制连梁构件配筋构造不满足规范要求

【原因分析】

（1）专项设计与结构设计协调不足，导致深化图纸不满足规范或主体设计的要求。常见情况有：连梁腰筋遗漏或数量不满足规范要求、顶层进墙部分箍筋遗漏（暗柱部位）、纵筋水平锚固段及总锚固长度不足，如图 1-10、图 1-11 所示。

（2）受剪力墙现浇段长度限制，连梁纵筋锚固长度不能满足构造要求。

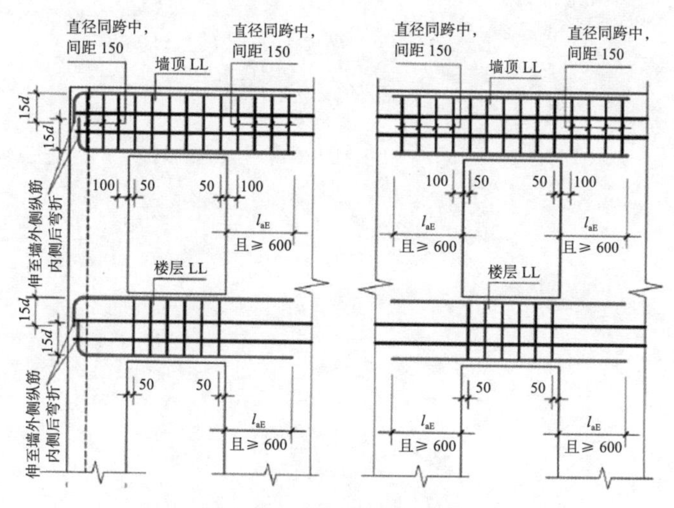

图 1-10　预制连梁局部构造

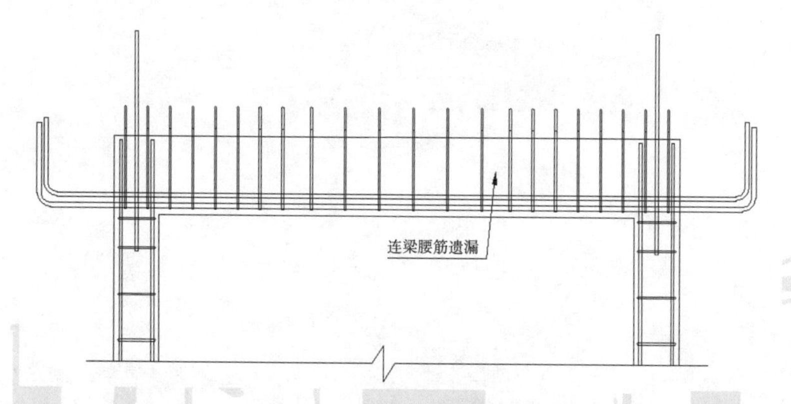

图 1-11　预制构件连梁腰筋遗漏

【防治措施】

（1）主体设计单位应对深化设计图纸进行审核确认，设计应结合预制构件装配特点，充分考虑连梁钢筋锚固构造要求。

（2）当纵筋锚固长度在现浇段内不满足构造要求时，应由主体设计提出处理措施。

7. 预制柱保护层取值未考虑灌浆套筒连接的特点

【原因分析】

在装配整体式框架（框架－剪力墙、框架－核心筒）结构中，如图 1-12 所示，竖向构件采用灌浆套筒连接时，因灌浆套筒直径大于竖向构件纵筋直径，设计按照灌浆套筒取保护层厚度设计时，纵筋保护层厚度会增大，在结构分析参数输入时未考虑此情况。

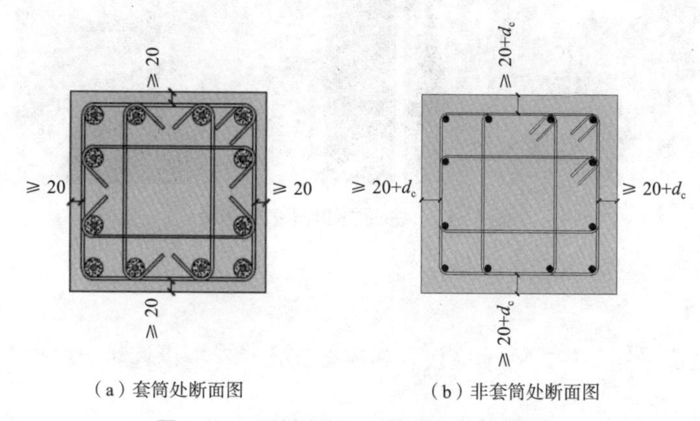

图 1-12 预制柱灌浆套筒连接保护层取值

注：d_c=（套筒外径－竖向纵筋直径）/2

【防治措施】

柱纵筋保护层厚度应根据灌浆套筒外层箍筋保护层厚度推算而得，结构分析时应根据此实际情况合理取值。

8. 预制柱底键槽内未设置排气孔

【原因分析】

设计人员不了解规范要求及灌浆施工工艺，当柱底设计键槽时未同时设置排气措施，如图 1-13 所示。

图 1-13 柱底键槽的排气孔遗漏

【防治措施】

（1）柱底采用集中式键槽应设置相应排气孔，专项设计时应将排气孔作为设计要点不得遗漏。

（2）生产单位应了解预制构件基本构造要求，若发现专项设计有遗漏时，应及时提醒。

9. 预制钢筋桁架叠合楼板、预制墙板遗漏补强钢筋

【原因分析】

（1）因楼板、墙板钢筋遇洞口被截断时，专项设计未按结构设计说明要求设置附加钢筋，如图 1-14 所示。

（2）隔墙下楼板内附加钢筋遗漏布置。

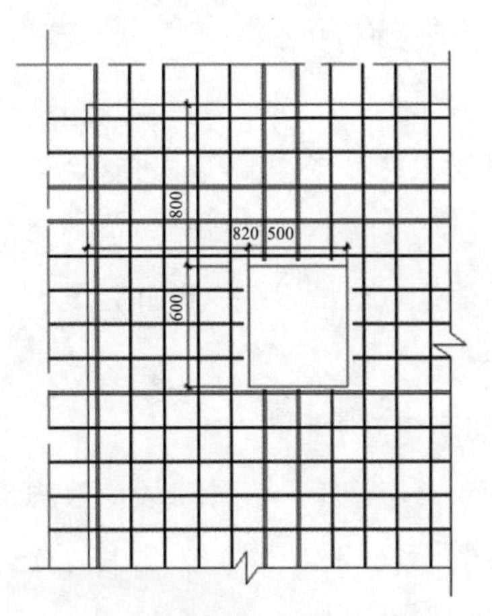

图 1-14 洞口边附加钢筋遗漏

【防治措施】

专项设计应熟悉主体设计的总说明图纸，楼板、墙板内补强筋应根据结构设计说明要求布置（图 1-15）。

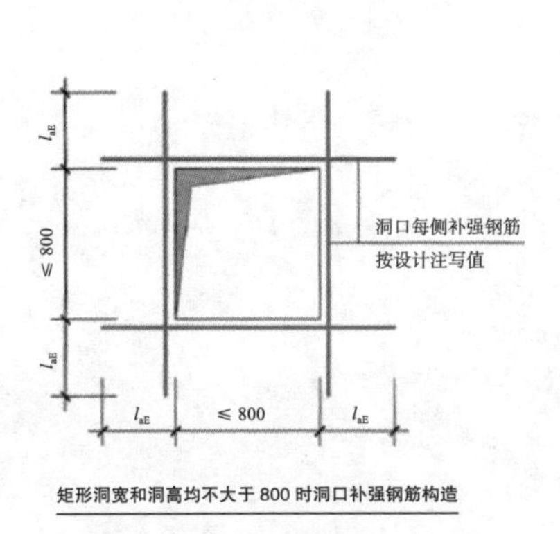

（a）洞口补强钢筋做法

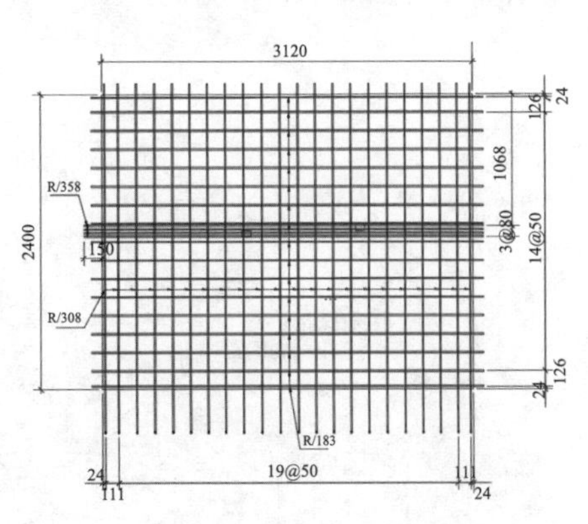

（b）隔墙下楼板内附加钢筋配筋图

图 1-15 附加补强钢筋

10. 预制梁端接缝抗剪验算遗漏或补强措施设计不合理

【原因分析】

（1）设计仅验算接缝抗剪承载力，未进行强接缝抗剪验算，或强接缝抗剪验算时未按梁端实配箍筋进行计算。

（2）预制梁端接缝抗剪补强钢筋直接采用加大支座负筋的方式，不符合“强剪弱弯”的抗震概念设计要求。

【防治措施】

（1）施工图设计阶段应考虑预制梁接缝抗剪验算，可采用附加短钢筋或采用接驳螺杆等相关措施，如图 1-16 所示。若设置附加短钢筋的补强措施，应考虑梁端现浇层厚度、短钢筋净距、混凝土浇筑时防移位措施。

（2）施工图设计时箍筋在满足计算值及构造要求的前提下不宜过多放大，以使梁端更容易满足强接缝抗剪验算。

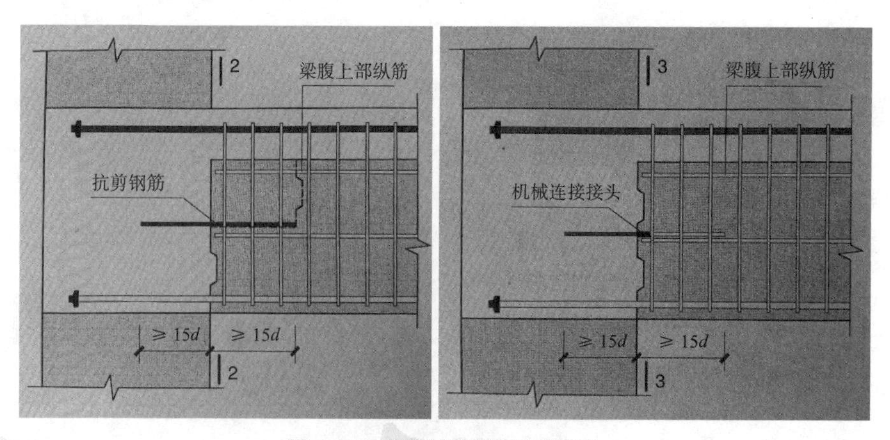

图 1-16　梁端抗剪钢筋补强构造

11. 预制墙板水平外伸钢筋阻碍边缘构件箍筋安装

【原因分析】

（1）在预制构件连接设计时，没有充分考虑施工的可操作性，如图 1-17 所示，导致现浇边缘构件箍筋放置困难。

（2）设计没有提供指导现场施工的装配图，导致现场施工随意性大。

图 1-17　剪力墙边缘构件箍筋放置困难

【防治措施】

（1）现浇边缘构件纵筋采用绑扎搭接时，预制墙板的水平外伸钢筋宜采用开口形设计。

（2）预制墙板水平外伸钢筋采用封闭形式时，现浇边缘构件纵筋宜采用焊接或机械连接，且机械连接采用 I 级接头。

（3）专项设计应提供装配图，包含节点区钢筋的放置顺序。

（4）在装配式建筑施工前应对施工人员进行关键施工工艺及工序的培训，如开工前搭建工法楼，让工人能够直观了解施工工艺及工序。还可以借助 BIM 技术进行施工模拟，使施工人员能够通过视频动画了解施工工艺及工序。

12. 预制剪力墙与现浇边缘构件附加箍筋遗漏

【原因分析】

设计未清晰表达预制墙水平外伸钢筋与现浇边缘构件箍筋连接关系，如图1-18所示。

图1-18 边缘构件处附加箍筋遗漏

【防治措施】

（1）主体结构设计应明确现场附加连接钢筋的规格和数量；

（2）专项设计应提供装配图，明确注明附加箍筋规格、数量及安装顺序。

13. 主次梁采用钢企口连接时，主、次梁箍筋设置有误

【原因分析】

（1）主梁箍筋应从次梁牛担板搁置缺口两侧各 50mm 开始加密布设，而不是从次梁边开始起算，如图 1-19（a）所示。

（2）次梁箍筋未在梁端 1.5 倍梁高范围设置加密区，如图 1-19（b）所示。

【防治措施】

（1）主梁附加箍筋按牛担板搁置缺口两侧各 50mm 开始加密布设，如图 1-19（c）所示。

（2）根据《装配式混凝土建筑技术标准》GB/T 51231—2016 第 5.5.5 条，次梁端部 1.5 倍梁高范围箍筋间距应不大于 100mm，如图 1-19（d）所示。

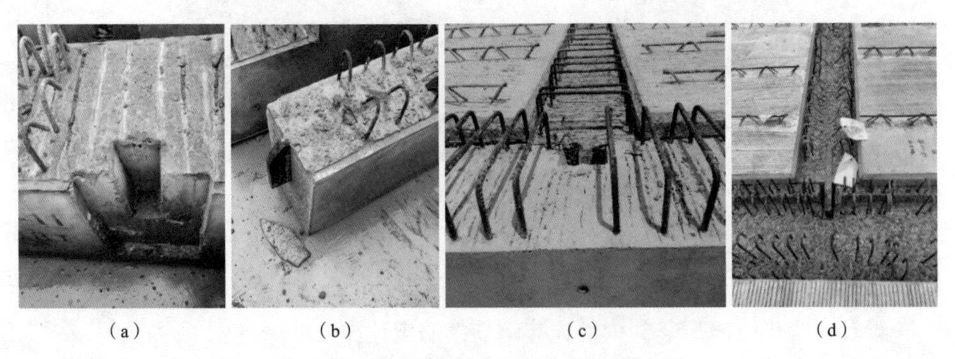

（a）（b）（c）（d）

图 1-19　钢企口连接主、次梁加密箍筋设置

14. 首层预制竖向构件对应的下部转换层插筋错位

【原因分析】

设计未提供现浇转换层的插筋定位平面图，现场按现浇构件钢筋保护层预留插筋，未考虑套筒设置时钢筋保护层加大，导致套筒与插筋错位，无法安装，如图 1-20 所示。

图 1-20　套筒与下层插筋错位

【防治措施】

设计应提供现浇层竖向构件连接钢筋插筋定位图及构造详图。

15. 预制梁贴柱边布置时，梁柱纵向钢筋碰撞

【原因分析】

（1）设计未考虑装配式安装的特点，梁边贴柱边平齐布置时，梁外侧纵筋与柱纵筋处于同一位置，易产生碰撞，如图 1-21 所示。

（2）预制柱因套筒设置原因，纵筋向内偏移，而预制梁纵筋未偏移，产生梁筋置于柱纵筋外侧的情况。

图 1-21　梁贴柱边时梁柱纵筋碰撞

【防治措施】

（1）建议采取梁柱不贴边平齐的措施，且错开 50mm 以上。

（2）如采用梁贴柱边布置时，梁纵筋宜采用水平弯折或平面错位后锚入柱纵筋内侧的方法，避免梁纵筋设置在柱纵筋外侧。

（3）当梁筋采用弯折方式时，尽量采用大直径钢筋，减少根数，避免底筋密集。

（4）设计应该对梁柱节点核心区的配筋构造进行事先放样，保证后期深化设计的可行性。

16. 预制梁柱节点核心区钢筋碰撞

【原因分析】

（1）框架梁、柱截面偏小，钢筋密集，难以错开，易发生碰撞，如图 1-22（a）所示。

（2）设计未对梁柱节点核心区的配筋构造进行事先放样。

（a）梁柱核心区钢筋碰撞

（b）灌浆套筒连接

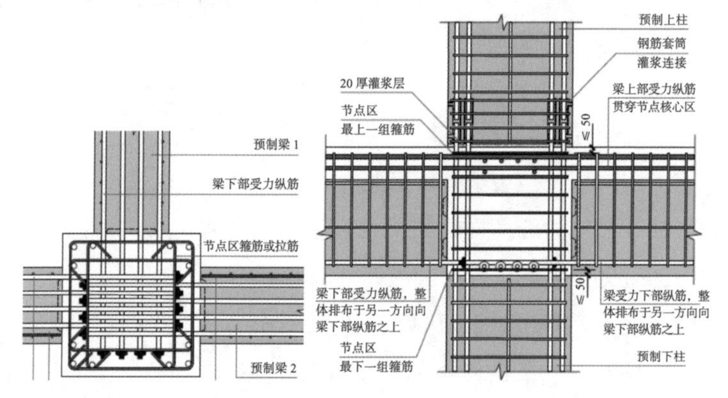

（c）梁柱核心区梁纵筋水平避让　　（d）核心区梁纵筋竖向避让

图 1-22　梁柱节点钢筋连接做法

【防治措施】

（1）结构设计时应选择合理的截面，统筹考虑钢筋数量，尽量按照“大直径、大间距”的原则。

（2）设计时，两方向梁高度差不宜小于100mm，方便梁底筋空间避让。

（3）在规范和计算允许的条件下，尽量减少梁纵筋进入支座的数量。

（4）梁柱节点核心区梁钢筋可采用分离式灌浆套筒等钢筋直接连接方式减少钢筋碰撞，如图1-22（b）。

（5）梁柱核心区可采用梁纵筋水平或竖向避让方式减少钢筋碰撞，如图1-22（c）、（d）所示。

（6）复杂节点应采用BIM建模检验节点区梁柱钢筋避让情况，宜提供安装步骤拆解图。

17. 预制柱灌浆孔、出浆孔及斜撑位置设置不合理

【原因分析】

设计忽略了角柱、边柱的装配式施工特点，将灌浆孔或斜撑设置在临空一侧，导致预制柱斜撑无法设置。或由于脚手架上的操作面与建筑标高不在同一水平面，导致灌浆施工不便，正确做法如图 1-23 所示。

图 1-23　预制柱现场灌浆

【防治措施】

设计需结合现场的实际情况，将灌浆孔、出浆孔及斜撑设置在朝向建筑内侧的构件表面，且不宜全部集中在一面，如图 1-24 所示。

图 1-24　预制柱灌浆孔集中且与脚手架干涉

18. 建筑平面角部位置的相邻预制构件互相碰撞

【原因分析】

设计缺少预制构件现场安装经验，角部相邻预制墙板或梁出现尖角对尖角的情况，未设置施工空隙，导致墙板吊装过程发生相互磕碰损坏情况，如图 1-25 所示。

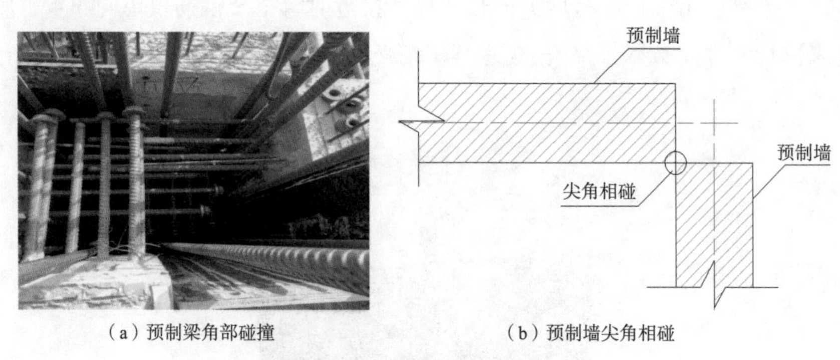

（a）预制梁角部碰撞　（b）预制墙尖角相碰

图 1-25　预制构件相互紧贴

【防治措施】

出现类似情况，预制构件与构件之间必须设置施工空隙，一般取 10mm。也可将一边构件后退或者角部留缺口，具体如图 1-26 所示。

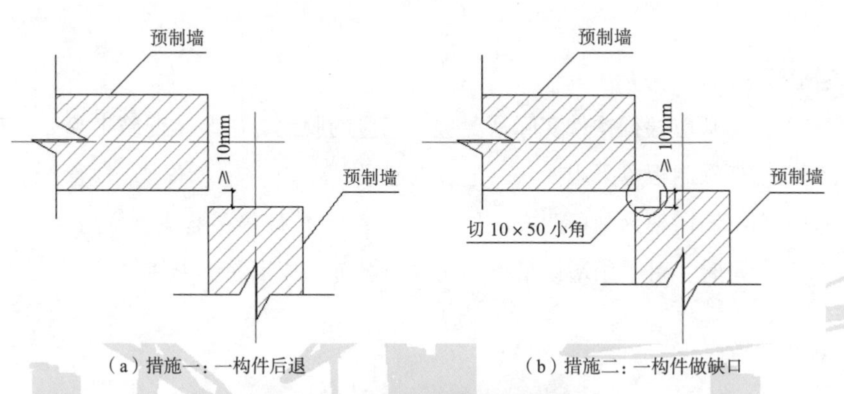

（a）措施一：一构件后退　（b）措施二：一构件做缺口

图 1-26　预制构件相碰处理措施

19. 钢筋桁架叠合板的预制底板开裂

【原因分析】

（1）设计大跨度钢筋桁架预制板吊点位置时，设计师凭经验设置四个吊点位置，未做脱模、吊装工况施工验算导致脱模或吊装时板底开裂。

（2）当钢筋桁架预制板两方向长宽尺寸接近时，桁架钢筋仅单向布置，脱模吊装未进行两方向验算，导致出现平行于桁架筋方向的板底裂缝，如图 1-27 所示。

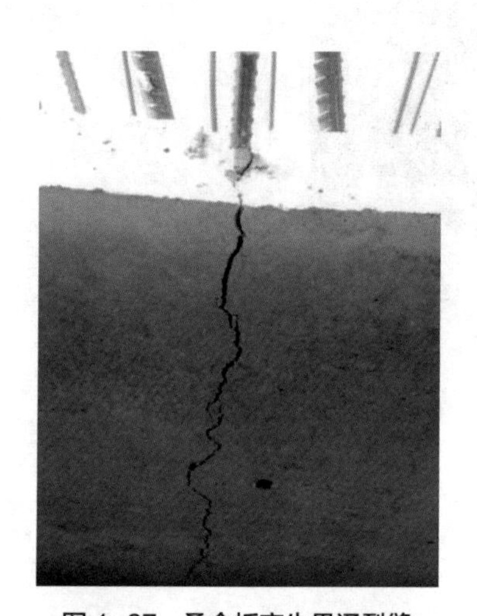

图 1-27　叠合板产生贯通裂缝

【防治措施】

（1）设计师应根据构件实际情况进行相应的脱模、吊装工况施工验算，对大跨度钢筋桁架预制板可采用四点以上多点起吊。

（2）当钢筋桁架预制板两方向长宽尺寸接近时，脱模吊装应进行两方向验算，当验算不满足时，可采用增设吊点、两方向布置桁架钢筋等措施。

20. 预制构件吊点设置不合理

【原因分析】

（1）设计将吊点设置于箍筋加密区位置，吊点与箍筋发生碰撞，如图 1-28 所示。

（2）设计将吊点设置在构件受力薄弱部位，缺少相应受力验算，如图 1-29 所示。

图 1-28　吊钩处箍筋布置太密

图 1-29　吊钩设置在薄弱部位

【防治措施】

（1）尽量避免将吊点布置在箍筋加密区。当无法避免时，应充分考虑现场施工条件，合理选择吊具。

（2）吊点宜尽量避开薄弱部位设置，当无法避免时，应补充相应受力验算，并采取有效加强措施。

21. 钢筋桁架叠合板板边伸入梁保护层与梁箍筋碰撞

【原因分析】

（1）钢筋桁架叠合板设计时要求板边伸入梁保护层 10mm，如图 1-30 所示。

（2）钢筋桁架叠合板生产出现较大正公差。

（3）钢筋桁架叠合板安装偏差过大。

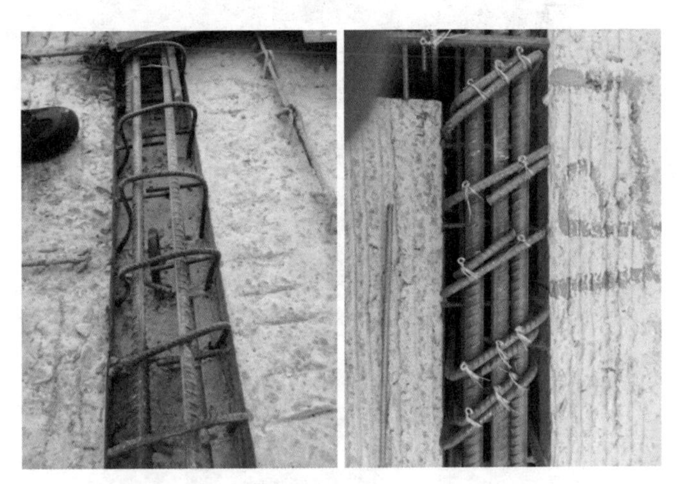

图 1-30 钢筋桁架叠合楼板板边碰到梁箍筋

【防治措施】

（1）钢筋桁架叠合板设计时，板边不宜伸入梁保护层。

（2）严格控制钢筋桁架叠合板生产公差，设计宜要求采用负偏差。

（3）加强预制构件进场检验，加强现场安装定位检查，避免尺寸偏差过大。

22. 预制竖向构件两方向斜支撑相互干涉

【原因分析】

（1）预制墙板布置比较集中，导致多方向斜撑相互交叉，如图 1-31 所示。

（2）构件斜撑位置设计时未考虑相互之间的干涉影响。

（3）构件支撑的固定埋件在现场安装时存在一定偏差。

图 1–31 预制竖向构件斜撑相互干涉

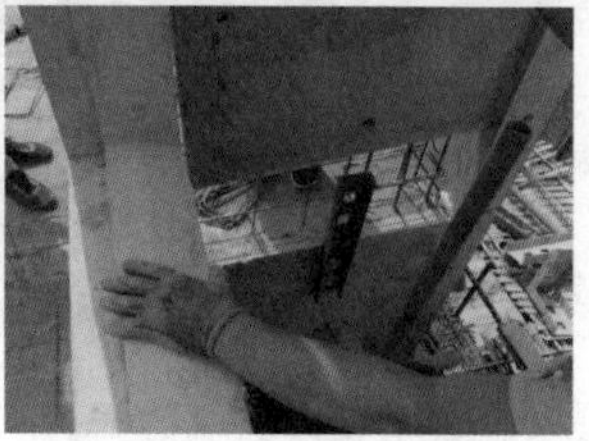

图 1–32 墙板底部定位件

【防治措施】

（1）合理选择斜撑形式，尽量减少斜撑数量，少采用长斜撑 + 墙板底部定位件支撑方式，如图 1-32 所示。预制墙板宜尽量分散布置，避免斜撑干涉。

（2）深化设计时应对构件支撑相互影响进行放样核对，对复杂易碰撞部位宜采用 BIM 事先校核以避免斜撑相互干涉。

（3）控制固定埋件的现场安装误差，支撑点应严格按设计进行定位。

23. 装配式建筑外墙、外窗接缝处发生渗漏水

【原因分析】

（1）预制夹心保温外墙、PCF外墙、外挂墙板水平缝未设计外低内高企口，导致雨水直接渗漏进室内。如图1-33所示。

（2）预制外墙外窗周边未设置企口，导致雨水渗漏进室内。

（3）预制夹心保温外墙或外挂墙板竖缝未按照图1-34设计导水管，导致雨水渗漏进板缝时无法排出，造成室内渗水。

图1-33 外墙、外窗接缝处渗漏

图1-34 接缝处合理留设导水管的做法

【防治措施】

（1）预制夹心保温外墙、PCF 外墙、外挂墙板水平缝、预制外窗周边宜设置企口，见图 1-35。

（2）预制外墙空腔竖缝明露时，竖缝内应每隔 3 层左右设置斜向下的排水导管，设计应明确其构造做法及技术要求。

图 1-35　外挂墙板水平缝和预制外窗周边企口做法

24. 预制钢筋桁架叠合楼板中的机电预留线盒外露高度不足

【原因分析】

（1）深化设计未明确线盒高度，导致预埋线盒出线孔未完全露出，如图 1-36 所示，线管无法安装。

（2）预制板厚度和选用线盒不匹配。

图 1-36 预制构件线盒预埋有误

【防治措施】

（1）当预制钢筋桁架叠合楼板厚度 60mm 时，可采用 H=100mm 高脚线盒。

（2）当预制钢筋桁架叠合楼板厚度大于 60mm，且无匹配线盒时，可采用局部垫高方式确保线盒出线孔完全外露。

（3）线盒四周应预留锁母确保线盒四周出线孔外露，如图 1-37 所示。

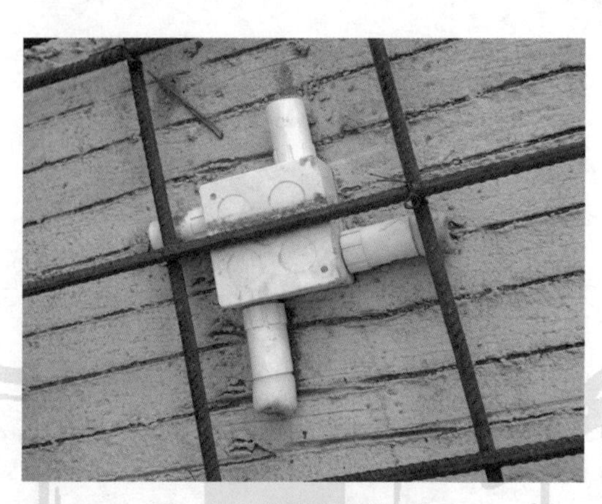

图 1-37 线盒四周预留锁母

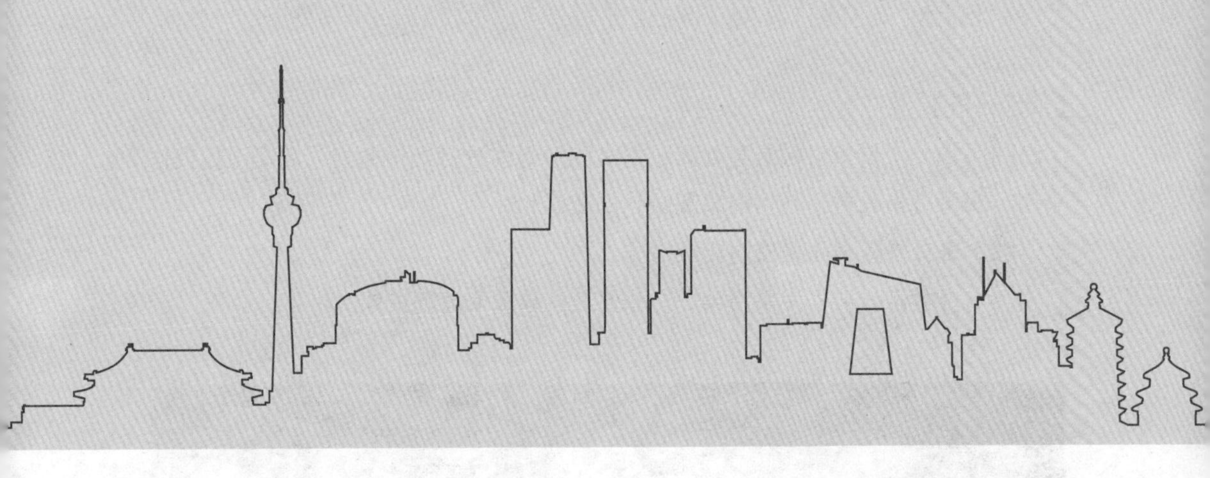

二、生产篇

1. 预制构件外露钢筋表面被水泥浆污染

【原因分析】

（1）作业人员未对模具与外露钢筋之间的缝隙进行严格密封，混凝土振捣作业时，封堵措施失效，产生漏浆现象，如图 2-1 所示。

（2）未对外露钢筋采取防污染措施。

（3）外露钢筋被水泥浆污染后，作业人员未采取清理措施。

图 2-1　模具与外露钢筋之间的缝隙封堵失效

【防治措施】

（1）作业人员在混凝土浇筑前，应对模具与外露钢筋间的缝隙做密封措施，密封措施应牢固有效，确保混凝土布料和振捣时不脱落、不产生漏浆现象。

（2）建议对外露钢筋采取防污染措施，避免混凝土浆液迸溅在外露钢筋表面，如图 2-2 所示。

（3）将外露钢筋污染纳入预制构件成品质量检验项目，加强质检，发现外露钢筋污染问题需及时处理。

（a）密封模具与外伸筋间间隙

（b）外伸钢筋套塑料管

（c）薄壁角铁覆盖桁架筋

（d）布置防污染透明塑料布

（e）塑料保护梁钢筋

图 2-2　外露钢筋表面混凝土污染防治措施

2. 蒸汽养护措施不当引起的构件表观裂纹、掉皮、起砂等质量缺陷

【原因分析】

（1）预制混凝土构件生产企业未根据材料、气温等因素制定详细的蒸汽养护方案。

（2）预制混凝土构件在进行蒸汽养护操作前缺少必要的静停时间。未严格控制蒸养温度以及蒸汽养护升温、恒温、降温的持续时间和温度升降速度。

（3）停止蒸汽养护拆模前，预制混凝土构件表面与环境温度的温差较大，引起开裂，如图 2-3 所示。

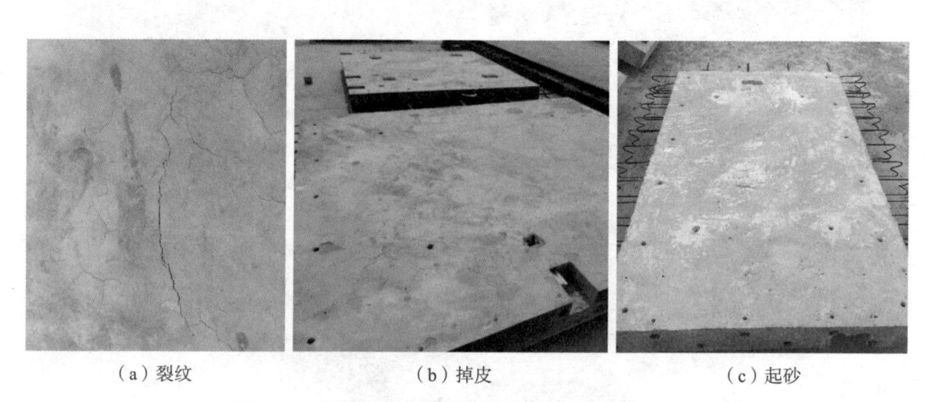

（a）裂纹　　（b）掉皮　　（c）起砂

图 2-3　蒸汽养护不规范引起的裂纹、掉皮、起砂

【防治措施】

（1）预制混凝土构件生产企业应根据材料、天气等因素制定详细的蒸汽养护方案。

（2）蒸汽养护应分静停、升温、恒温和降温四个阶段，混凝土全部浇捣完毕后静停时间不宜少于 2h，升温速度不得大于 15℃ /h，恒温时最高温度不宜超过 55℃，恒温时间不宜少于 3h，降温速度不宜大于 10℃ /h。

（3）应在拆模工序中加入温度检测环节，预制混凝土构件停止蒸汽养护拆模前，构件表面与环境温度的温差不宜高于 20℃。

3. 预制混凝土构件尺寸偏差超出规范允许值

【原因分析】

（1）模具底模使用频次过多，未按规范要求进行检修，导致底模表面平整度偏差过大，如图 2-4 所示。

（2）模具未安装牢固，尺寸存在偏差，拼缝不严密，安装精度不符合规范要求。

（3）在模具清理环节工作不到位，在收光抹面环节抹面精度偏低、次数偏少。

（4）拆模措施不规范，导致模具产生翘曲变形，影响后续构件尺寸精度。

（5）预制构件脱模起吊时，混凝土强度和弹性模量未达到要求，导致构件产生大的挠曲变形。

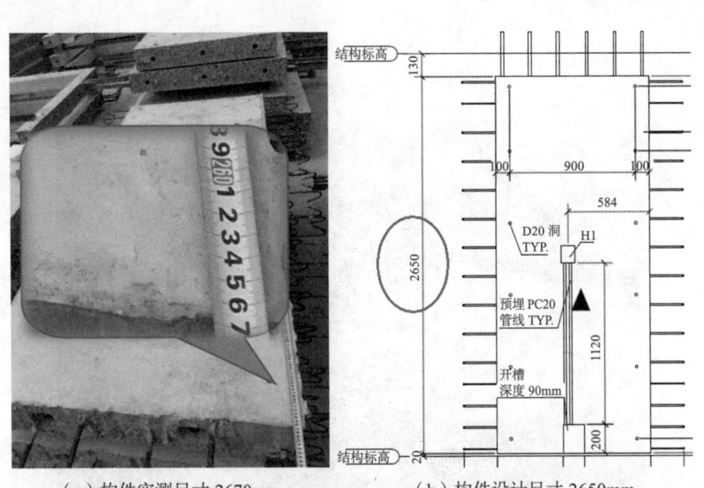

（a）构件实测尺寸 2670mm （b）构件设计尺寸 2650mm

（c）外墙板内侧平整度实测

（d）靠尺平整度实测值 6.7mm 超规范限值

图 2-4 预制混凝土构件尺寸偏差实测

【防治措施】

（1）模具应定期进行检修，固定模台或移动模台每 6 个月应至少进行一次检修，钢或铝合金型材模具每 3 个月或每周转生产 60 次应至少进行一次检修，装饰造型衬模每 1 个月或每周转 20 次应至少进行一次检修，如图 2-5 所示。

（2）模具应安装牢固、尺寸准确、拼缝严密、不漏浆，精度必须符合模具设计要求，经验收合格后方可投入使用。

（3）在混凝土浇筑前，应进行详尽的隐蔽工程验收，杜绝模具表面存在混凝土残渣未清理现象，并严格按规定进行表面收光。表面收光抹面次数不宜少于 3 次，应加强收光抹面工序的检查验收。

（4）模具应根据其结构特点有序拆除，严禁使用大锤敲打等方式野蛮拆模。

（5）预制混凝土构件脱模起吊时，同条件养护混凝土立方体试块抗压强度应满足设计要求，且不应小于 15N/mm^2。

图 2-5 模台平整度检查

4. 预制混凝土构件缺棱掉角外观质量问题

【原因分析】

（1）混凝土构件振捣不充分，存在漏振现象。

（2）预制构件脱模起吊时，混凝土强度未达到设计要求。

（3）拆模时未根据模具的结构特点及拆模顺序进行，拆模方式不当。

（4）吊点设计未满足平稳起吊的要求，造成构件在起吊过程中因起吊不稳造成磕碰。

（5）存放、运输、装卸过程中无成品保护措施，如图 2-6 所示。

图 2-6 预制混凝土构件缺棱掉角

【防治措施】

（1）规范混凝土的振捣作业，确保混凝土振捣密实，尤其是构件四周。

（2）预制构件脱模起吊时，同条件养护混凝土立方体试块抗压强度应满足设计要求，且不应小于 15N/mm^2。

（3）模具的拆除应根据模具结构的特点制定合理的拆模顺序、拆除方法，严禁使用大锤敲打方式拆模。

（4）预制构件吊点设置应满足平稳起吊要求，平吊不宜少于 4 个，竖吊不宜少于 2 个且不宜多于 4 个。对吊点设计不合理的构件须及时与设计单位沟通，应增设吊点或调整吊点位置。吊装时宜设置牵引绳。

（5）预制构件在存放、运输、装卸过程中应进行成品保护，对构件边角部或与紧固装置接触处部位采用垫衬加以保护，在构件与刚性搁置点间设置柔性垫片。

（6）高低企口和墙体转角等薄弱部位，应采用定型保护垫块或专用套件加强保护，如图 2-7 所示。

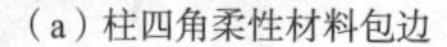

（a）柱四角柔性材料包边

（b）专用墙板搁置架设置柔性垫块

图 2-7　预制构件成品保护措施

5. 预制混凝土构件表面受污染

【原因分析】

（1）模具组合前，未将模台面、模具、预埋件定位架等部位清理干净。

（2）模具与混凝土接触的表面未均匀涂刷隔离剂，如图 2-8 所示。

图 2-8 预制混凝土构件表面污染

【防治措施】

（1）模具组合前应对模具和预埋件定位架等部位进行清理，混凝土残渣和灰尘清理干净。

（2）模具与混凝土接触的表面应均匀涂刷隔离剂。已均匀涂刷隔离剂的模台面、模具表面保持清洁，避免再次污染。

6. 预制构件中灌浆套筒被堵塞

【原因分析】

（1）灌浆套筒安装时未与柱底、墙底模板垂直，或未采用型号相匹配的固定组件，造成混凝土振捣时灌浆套筒和连接钢筋移位。

（2）与灌浆套筒连接的灌浆管、出浆管因定位不准确、安装松动，混凝土振捣时偏移脱落。混凝土浇捣前的隐蔽工程验收缺失。

（3）构件成型后，未对灌浆套筒采取包裹、封盖措施。

（4）预制构件出厂前，未对灌浆套筒的灌浆孔和出浆孔进行通透性检查，如图 2-9 所示。

图 2-9　灌浆套筒堵塞

【防治措施】

（1）预制构件钢筋制作时，灌浆套筒与柱底或墙底模板应垂直，同时须采用橡胶环、螺杆等固定组件避免混凝土浇筑振捣时灌浆套筒与连接钢筋移位。

（2）与灌浆套筒连接的灌浆管、出浆管应定位准确、安装牢固。应采取防止向灌浆套筒内漏浆的封堵措施，并做好隐蔽工程验收检查。

（3）在预制构件制作及运输过程中，应对外露钢筋、灌浆套筒分别采取包裹、封盖措施。

（4）预制构件出厂前，应对灌浆套筒的灌浆孔和出浆孔进行通透性检查，并清理灌浆套筒内的杂物，如图 2-10 所示。

图 2-10 灌浆套筒堵塞防治措施

7. 预埋件位置偏差过大

【原因分析】

（1）预埋件固定措施不牢靠，未与模板或预埋件固定工装架可靠连接。

（2）混凝土浇筑前的隐蔽工程验收缺失，预埋件安装位置偏差超过允许偏差范围。

（3）混凝土浇筑环节放料高度过高，下料冲击力过大使得定位工装架偏移，振捣时振捣器触碰钢筋骨架及预埋件固定工装架造成移位，如图 2-11 所示。

（4）混凝土浇筑完成后，未达到初凝状态便拆除工装架。

【防治措施】

（1）预埋件的数量、规格、位置、安装方式等应符合设计规定，且须与模板或预埋件固定工装架可靠连接。

（2）预埋件的安装位置偏差应符合规范要求。在混凝土浇筑前，需进行详尽的隐蔽工程验收。

（3）混凝土放料高度应小于 500mm，并应均匀摊铺，应根据构件类型确定混凝土成型振捣方法，振捣应密实，振捣过程不应扰动钢筋骨架和预埋件固定工装架。

（4）拆除预埋件固定工装架时应确保混凝土已达初凝状态。

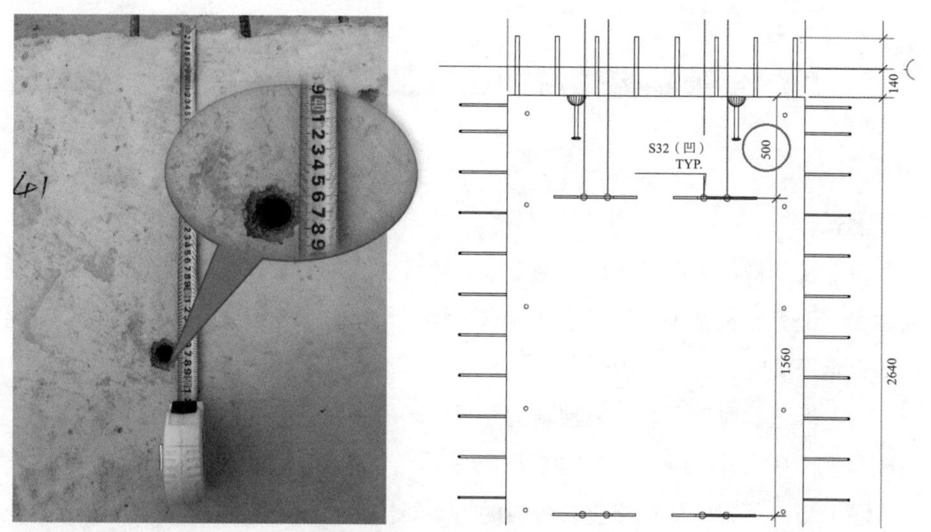

（a）斜支撑预埋件位置偏差

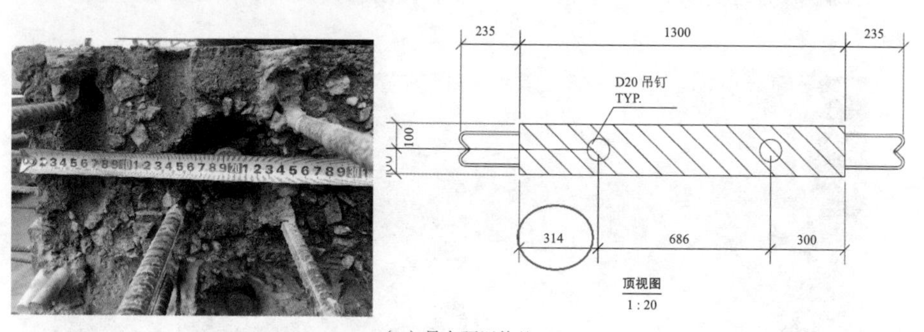

（b）吊点预埋偏差

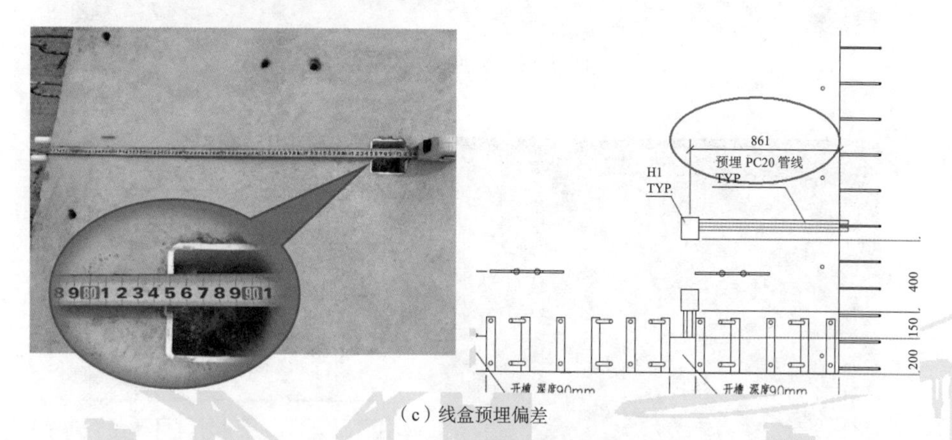

（c）线盒预埋偏差

图 2-11　预埋件尺寸位置偏差

8. 预制构件脱模或吊装时埋件被拔出

【原因分析】

（1）预制构件生产时未按图纸要求在脱模预埋件上加设补强钢筋，或补强钢筋数量、型号、长度等不满足设计要求。预埋件与补强钢筋之间未焊接牢固，混凝土浇筑振捣时补强钢筋脱落。

（2）拆除预埋件工装架或预制构件脱模起吊时，混凝土强度未满足设计要求，造成预埋件从构件中脱出，如图 2-12 所示。

（3）当以预制桁架钢筋叠合楼板的桁架筋作为脱模吊点时，在允许起吊点处未做明显标识，操作人员随意起吊，导致桁架钢筋被拔出，如图 2-13 所示。

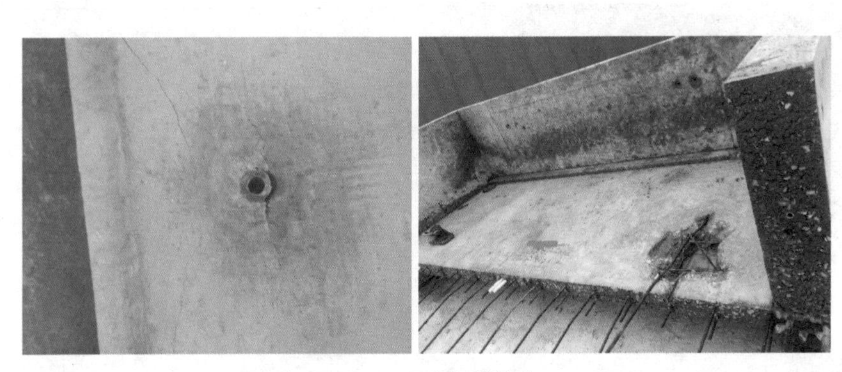

图 2-12　预埋件被拔出

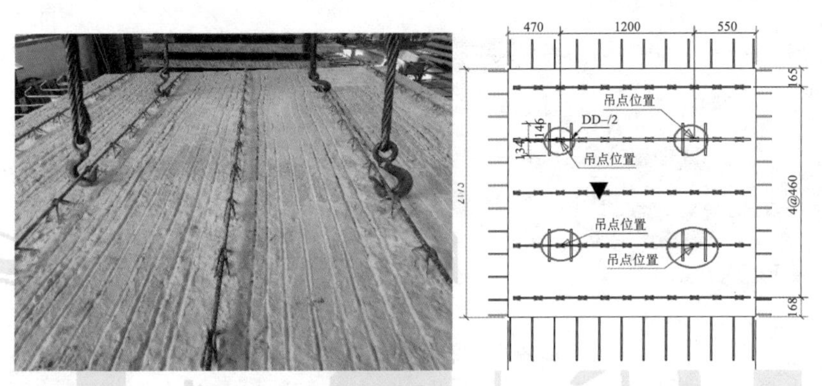

图 2-13　预制桁架钢筋叠合楼板脱模、吊装时未使用设计吊点起吊

【防治措施】

（1）预埋件加工时，补强钢筋应连接牢固，其数量、型号、长度等严格满足设计要求。

（2）混凝土未达到设计要求时，严禁提前拆除工装架，尤其需旋拧脱出的工装件，严禁提前脱模起吊，待同条件养护试块强度达到设计或规范要求时方可脱模。

（3）当以桁架筋作为脱模吊点时，生产人员应根据图纸要求在桁架筋吊点处做好明显标记，并对操作人员进行技术交底，严禁在桁架筋上任意挂钩起吊。

9. 夹心保温墙板连接件漏放、松动

【原因分析】

（1）外叶板混凝土浇筑时坍落度过小，混凝土浆未能完全握裹保温连接件。

（2）外叶板混凝土浇筑振捣完成后未及时安装保温连接件。

（3）保温板在铺设前，未提前按设计图纸在保温板上钻孔，随意安装。

（4）生产转运、运输时、现场安装过程中存在磕碰，造成保温连接件损坏或脱落，如图 2-14 所示。

图 2-14　夹心保温墙板连接件漏装、松动

【防治措施】

（1）构件生产时严格控制外叶板混凝土坍落度。

（2）采用 FRP 连接件时，应预先在保温板上钻孔，在外叶板混凝土初凝前铺设保温板，插入 FRP 连接件至挡板紧贴保温板，随即旋转 90° ~ 180°，确保连接件被外叶板混凝土充分包裹，如图 2-15 所示。

（3）外叶板浇筑完成后，保温连接件应在混凝土初凝前安装完成，且不宜超过 2h。

（4）严禁作业人员在内叶板模具、钢筋、埋件等材料安装时野蛮施工，防止对已安装完毕的保温连接件造成损坏。

（5）可根据上海市工程建设规范《预制混凝土夹心保温外墙板应用技术标准》DG/TJ 08—2158—2017 检测夹心保温墙板连接件的连接性能。

图 2-15　预先在保温板上钻孔

10. 预制钢筋桁架叠合楼板钢筋桁架下部空间狭小影响管线布置

【原因分析】

（1）混凝土浇筑时，施工人员未严格按图纸要求控制混凝土浇筑量，导致混凝土浇筑量偏高，叠合楼板厚度超过图纸要求，如图 2-16 所示。

（2）叠合楼板保护层控制措施不到位，未正确放置控制保护层厚度的垫块或垫块尺寸选用错误，在混凝土浇筑过程中导致钢筋网片整体下沉。

（3）混凝土振捣方式不规范，混凝土成型振捣过程中，振动器触碰钢筋骨架，影响保护层控制措施，导致钢筋骨架整体下沉。

图 2-16　预制钢筋桁架叠合楼板桁架下部空间小无法穿管线

【防治措施】

（1）在混凝土浇筑成型前应进行预制构件的隐蔽工程验收，对钢筋的混凝土保护层厚度、控制保护层厚度措施的稳定性进行详细检查。

（2）混凝土浇筑时，严格按图纸把控混凝土浇筑量，混凝土浇筑完成后，检查叠合楼板厚度，对桁架下部由于混凝土量偏多导致空间偏小的部位进行及时调整。

（3）对施工人员进行相应培训，混凝土振捣时，振动器不应触碰钢筋骨架，以避免造成钢筋移位。

11. 预制构件外伸钢筋长度与位置偏差过大

【原因分析】

（1）钢筋制品的下料、成型尺寸不准确，安装位置偏差不符合规范要求。

（2）模具及配套部件未满足钢筋的定位要求。

（3）混凝土放料高度过高，未均匀摊铺，振捣器触碰钢筋骨架造成钢筋移位，如图 2-17 所示。

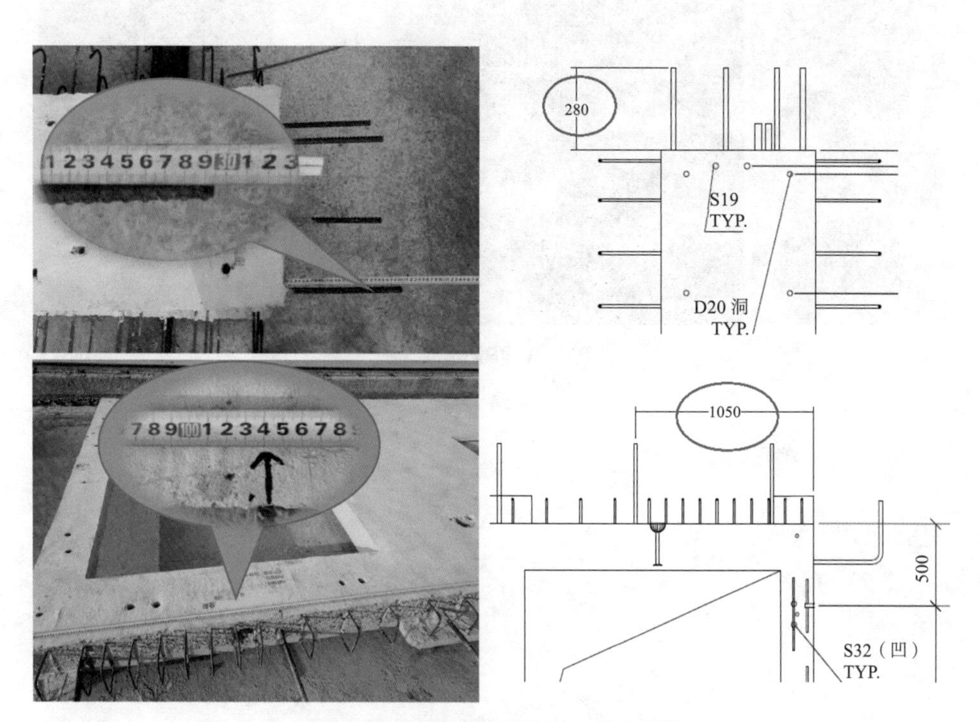

图 2-17　构件外伸钢筋长度、位置偏差

【防治措施】

（1）钢筋制品的下料、成型尺寸应准确，安装位置偏差应符合规范要求。

（2）模具及配套部件应满足插筋的定位要求，推荐使用月牙板及工装定位措施（如图 2-18 所示）。

（3）在混凝土浇筑前，进行详尽的隐蔽工程验收。

（4）混凝土放料高度应小于 500mm，并应均匀摊铺，此外应根据构件类型确定混凝土成型振捣方法，振捣应密实，振动器不应触碰钢筋骨架。

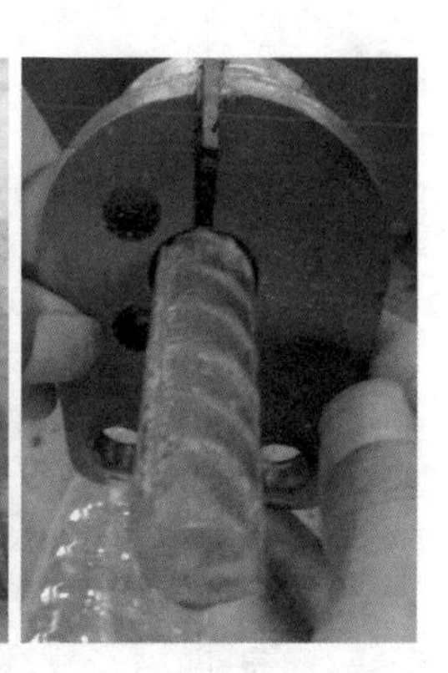

图 2-18　钢筋定位措施

12. 预制构件粗糙面不符合设计要求

【原因分析】

（1）预制钢筋桁架叠合楼板构件拉毛过早或过晚。过早拉毛使得流动浮浆回填沟壑，造成粗糙深度不足。过晚拉毛由于表面硬结，难以达到粗糙深度要求或影响混凝土表面强度。

（2）模具与构件粗糙面混凝土接触的表面未均匀涂刷缓凝剂，未选用合适缓凝剂品种或冲水压力选用不当。构件脱模后，混凝土强度不高，水压太大混凝土浆液与骨料被高压水枪冲走，甚至钢筋露出，失去保护层，影响构件表观质量，严重情况会产生结构隐患。对构件冲洗过迟或不完全，混凝土已经硬化，导致露骨料粗糙面表面平滑，凹凸深度不足。

（3）印花模具设计及制作不满足粗糙面深度与结合面的面积要求。

【防治措施】

（1）预制钢筋桁架叠合楼板构件应在混凝土即将初凝前进行拉毛，使用铁耙等专用工具，人工操作时应注意控制拉毛深度与拉毛面积。

（2）当使用水洗方法时，混凝土浇筑前应在与构件粗糙面混凝土接触的模具表面均匀涂刷缓凝剂，构件脱模后应按照缓凝剂的要求，在规定时间内及时对粗糙面进行冲洗，同时保证水枪水压、距构件距离、出水方向、冲洗时间一致性，使露骨料粗糙面满足设计要求。

（3）若采用硅胶模、PE 模或花纹钢板等印花模具制作粗糙面，印花模具设计应根据不同构件粗糙面深度要求进行。预制梁、柱、墙板粗糙面凹凸深度不应小于 6mm、预制钢筋桁架叠合楼板不应少于 4mm，粗糙面的面积不少于结合面的 80%。应使用经过处理的花纹钢板，保证凹凸深度。

（4）加强构件粗糙面的检测，检测方法可依据上海市工程建设规范《装配整体式混凝土建筑检测技术标准》DG/TJ08—2252—2018 附录 A 执行。粗糙面的面积小于结合面的 80% 或凹凸深度小于设计要求的构件，粗糙面须进行凿毛处理。

图 2-19　构件粗糙面不符合要求

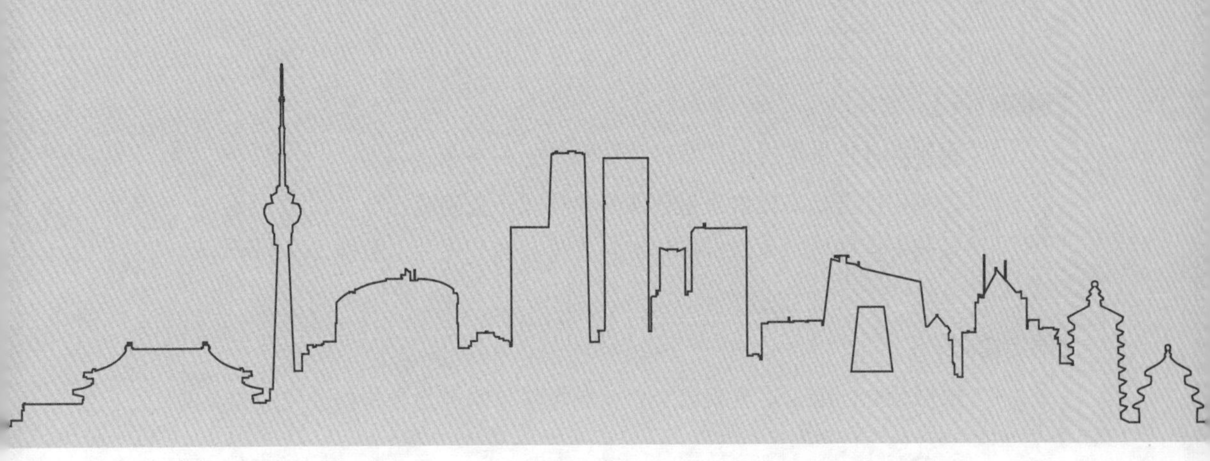

三、施工篇

1. 预制构件进场质量证明资料不齐

【原因分析】

（1）预制构件进场需提供质量证明资料信息不齐全；

（2）预制构件进场需提供质量证明资料格式不正确或不统一；

（3）预制构件进场时应附有哪些资料文件的相关规定不明确。

【防治措施】

（1）根据行业标准、地方规定、企业制度等，明确预制构件进场应提供的质量证明相关资料（如图 3-1 所示）。

（2）质量证明资料缺少、不齐的不予以进场验收。

（3）预制构件进场质量证明文件清单参考表 3-1。

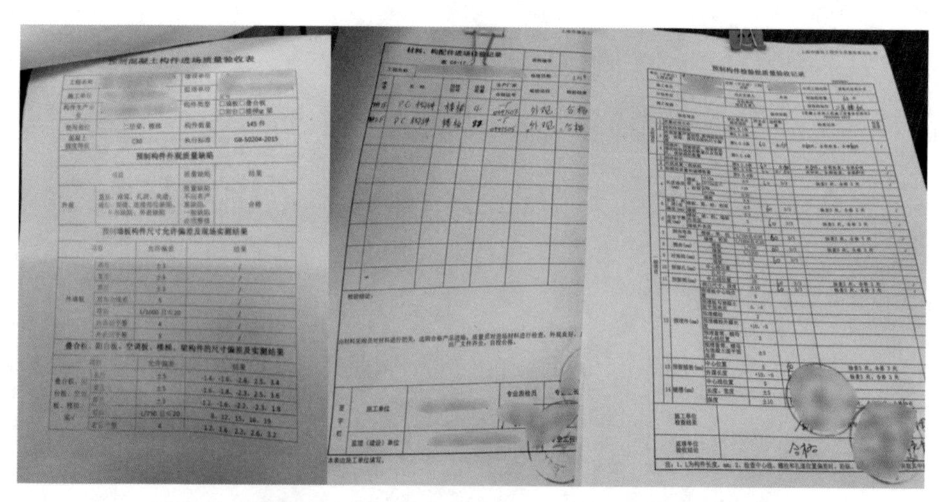

图 3-1 预制混凝土构件进场质量验收表（右侧为质监站标准表式）

构件进场质量证明资料清单　　表 3-1

序号	资料名称	备注
1	预制构件产品出厂质量保证书（质保书）	上海市工程建设质量管理协会监制
2	钢筋灌浆套筒、直螺纹套筒、钢筋锚固板、保温连接件、保温材料、预埋吊钉、预埋件、密封材料等质量保证书	《装配式混凝土建筑技术标准》GB/T 51231—2016 第 9.2 节
3	钢筋、砂石料、水泥等主要材料质量保证书及检验报告	其检验报告在预制构件进场时可不提供，但应在构件生产企业存档保留，以便需要时查阅《装配式混凝土建筑技术标准》GB/T 51231—2016 第 9.2 节
4	混凝土强度检验报告、钢筋连接强度检验报告（钢筋若无接头则无需提供）	《装配式混凝土建筑技术标准》GB/T 51231—2016 第 11.2.2 节
5	钢筋灌浆套筒接头型式检验报告	《钢筋套筒灌浆连接应用技术规程》JGJ 355—2015 第 5 章
6	钢筋灌浆套筒外观、标识、尺寸验收记录	《钢筋连接用灌浆套筒》JG/T 398 附录 A
7	钢筋灌浆套筒接头工艺检验报告	《钢筋套筒灌浆连接应用技术规程》JGJ 355—2015 表 A.0.2
8	钢筋直螺纹机械连接强度检验报告	《钢筋机械连接技术规程》JGJ 107—2016 附录 B
9	钢筋锚固板接头强度检验报告	《钢筋锚固板应用技术规程》JGJ 256—2011 附录 A
10	夹心保温连接件材料性能及连接性能检验报告	《装配式混凝土建筑技术标准》GB/T 51231—2016 第 9.2.16 条
11	预埋吊件拉拔检验报告	《装配式混凝土建筑技术标准》GB/T 51231—2016 第 9.2 节
12	保温板材性能检验报告	《装配式混凝土建筑技术标准》GB/T 51231—2016 第 9.2.14 条
13	梁板类简支受弯构件的结构性能检验报告	根据设计要求，《装配式混凝土建筑技术标准》GB/T 51231—2016 第 11.2.2 条
14	预制构件生产过程隐蔽验收记录	《装配式混凝土建筑技术标准》GB/T 51231—2016 第 11.1.5 条

2. 预制构件堆场条件、堆放方式不满足施工要求

【原因分析】

（1）预制构件随意堆放，水平预制构件叠放支点位置不合理，导致构件开裂损坏(如图 3-2 所示)。

（2）堆放架刚度不足且未固定牢靠，导致构件倾倒（如图 3-3 所示）。

（3）预制构件堆放距离过近，预制构件之间成品保护措施设置不当，使得构件以及伸出钢筋相互碰撞而破损。

（4）施工现场预制构件堆放场地未硬化（如图 3-4 所示），周围没有设置隔离围栏。

（5）预制构件堆放顺序未考虑吊装顺序，多次翻找影响效率。

（6）叠合楼板堆放支点垫块未上下对齐，且未设置软垫（如图 3-5 所示）。

图 3-2　构件堆放破损

图 3-3　堆放架倒塌

图 3-4　堆场无硬化

图 3-5　叠合楼板垫块设置不合理

【防治措施】

（1）应根据预制构件类型有针对性地制定现场堆放方案。一般竖向构件采用立放（如图3-6所示），水平构件采用叠放（如图3-7所示），应明确堆放架体形式以及叠放层数。

图 3-6　竖向构件堆放

（2）堆放架应具有足够的强度、刚度和稳定性，以及满足抗倾覆要求并进行验算。

（3）构件堆垛之间应空出宽度不小于0.6m的通道。钢架与构件之间应衬垫软质材料以免磕碰损坏构件。

图 3-7　叠合楼板堆放

（4）构件堆放场地应平整、硬化，满足承载要求，堆场周围应设置隔离围栏，悬挂标识标牌。堆场面积宜满足一个楼层构件数量的存放。当构件堆场位于地下室顶板上部时，应对顶板的承载力进行验算，不足时需考虑顶板支撑加固措施。

（5）预制构件堆放位置及顺序应考虑供货计划和吊装顺序，按照先吊装的竖向构件放置外侧、先吊装的水平构件放置上层的原则进行合理放置。当场地受限时也可直接从运输车上起吊构件（如图3-8所示），对车上构件堆放顺序也需进行提前策划。

图 3-8　从运输车直接起吊墙板

（6）叠合楼板下部搁置点位置宜与设计吊点位置保持一致。预应力水平构件如预应力双T板、预应力空心板堆放时，应根据构件起拱位置放置层间垫块，一般在构件端部放置独立垫块（如图3-9所示）。

图 3-9　预应力混凝土双 T 板端部垫块

3. 预制构件现场开洞，影响受力性能并产生外墙防水隐患

【原因分析】

（1）由于前期施工方案策划不周，以及施工措施变化等因素，使得原本预留的埋件或孔洞无法使用而需另行开洞（如图 3-10 所示）。

（2）施工单位技术配合较晚，设计已完成，甚至预制构件也已开始生产，外脚手架或塔吊附墙等施工措施用的埋件及孔洞未预留，只能现场后开凿（如图 3-11）。

图 3-10　预制墙板现场开洞

图 3-11　预制墙板现场开洞

【防治措施】

（1）装配式项目管理过程中，"前置"概念应贯穿始终，尤其涉及需预留预埋的施工措施，如悬挑脚手架外伸型钢、外挂围护架承托件、自升式爬架连墙件、塔吊与人货梯附墙件、模板拉结螺杆等，施工单位应提前介入技术配合，或者由建设单位在预制构件加工图设计之前组织进行装配式施工技术策划，提前将预埋预留信息提供给设计单位（如图 3-12 所示）。

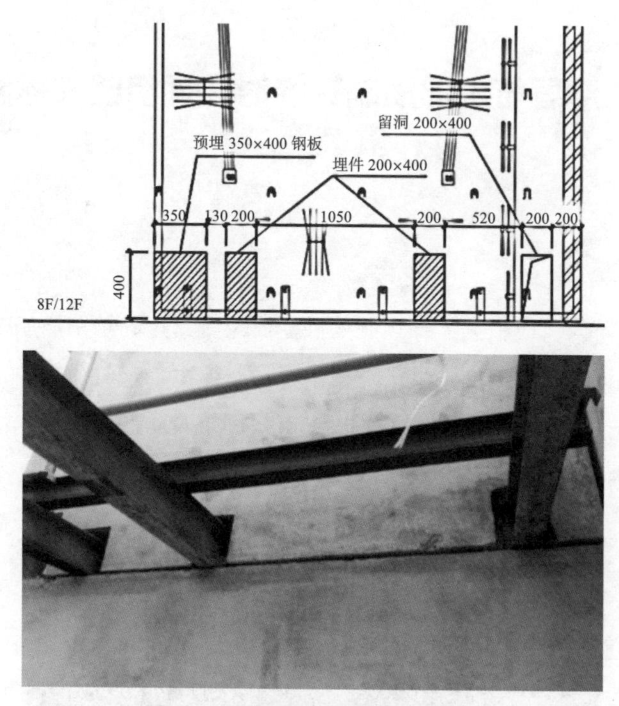

图 3-12　墙板预留外挑架洞示意图

（2）由设计单位按常规装配式施工方案暂定预埋预留孔洞的，应在预制构件正式加工之前，由构件生产单位与施工单位共同确认预埋件与孔洞的信息。

4. 下部现浇层与上部预制转换时，预留竖向插筋不满足安装要求

【原因分析】

（1）设计阶段，应根据上部预制构件套筒位置，正确绘制插筋定位图。

（2）深化设计过程与构件生产过程中经常有变更，定位插筋图未同步修改。

（3）现场插筋横向定位措施不当，未有效固定及防倾斜控制，混凝土浇筑时插筋发生移动偏位（如图 3-13 所示）。

图 3-13　预留插筋偏位

（4）导致现场预留插筋外伸长度不正确的原因：①竖向插筋未有效固定，混凝土振捣导致插筋下沉，直径 18mm 钢筋不满足伸入套筒内锚固长度 $8d$ 要求（如图 3-14 所示）；②楼面现浇叠合层混凝土浇筑过厚；③钢筋下料过长，使得插筋伸出长度过长影响构件安装，需割除并打磨毛刺，影响施工效率（如图 3-15 所示）。

（5）楼面伸出插筋没有保护措施，钢筋表面被水泥浆污染，影响后期高强灌浆料握裹性能（如图 3-16 所示）。

图 3-14　预留插筋外伸长度不足

图 3-15　割除过长的预留钢筋

图 3-16　钢筋表面被水泥浆污染

【防治措施】

（1）深化设计阶段应正确反映预制构件位置、套筒数量及规格、套筒中心定位等信息，根据构件与套筒信息再正确绘制插筋定位图。插筋定位图除了反映钢筋直径及中心定位尺寸以外还需反映钢筋外伸长度、钢筋在现浇段内的埋深长度。

（2）构件深化设计或构件生产详图变更时要同步复核插筋定位。

（3）插筋固定方式推荐使用钢制套板，套板中钢筋开孔定位宜采用预制构件厂同型模具，以保证构件套筒位置与插筋位置一致。应在钢制套板上标注正反面。插筋根部定位应在允许误差 3mm 范围内。插筋定位在施工过程中可能发生偏斜，尤其钢筋较粗时后期难以矫正，宜采用套板面焊接短钢管或双层套板以约束倾斜（如图 3-17 所示），插筋顶部偏斜量应在 3mm 允许误差范围内。

图 3-17　钢制双层套板定位

（4）插筋外伸长度应满足设计要求。长度太长会影响构件安装下落，长度太短不满足套筒内锚固长度要求；应避免施工过程中对插筋的扰动，尤其混凝土浇筑振捣时，需跟踪观察插筋偏移情况并及时修正。

（5）现场楼面混凝土浇筑前应对伸出钢筋进行防污保护，可在伸出钢筋外设置保护套管（如图 3-18 所示），构件安装前应检查钢筋表面污染情况，发现污染应及时清除。

图 3-18　伸出钢筋防污套管

5. 预制构件底部水平接缝过窄，无法按原定连通腔灌浆方案实施

【原因分析】

（1）现浇楼面水平标高控制不当，预制竖向构件下部现浇面标高过高，导致预制构件与现浇楼面之间水平缝间距过小（如图 3-19 所示），连通腔灌浆时浆料无法流淌到位。

（2）叠合楼板采用预制层厚度 60mm+ 现浇层厚度 70mm 的做法，当管线密集且需交叉时，70mm 现浇层无法满足管线埋设要求（如图 3-20 所示），为了楼面“不露筋、不露管”，现浇混凝土浇筑时局部浇厚，使得楼面标高过高。

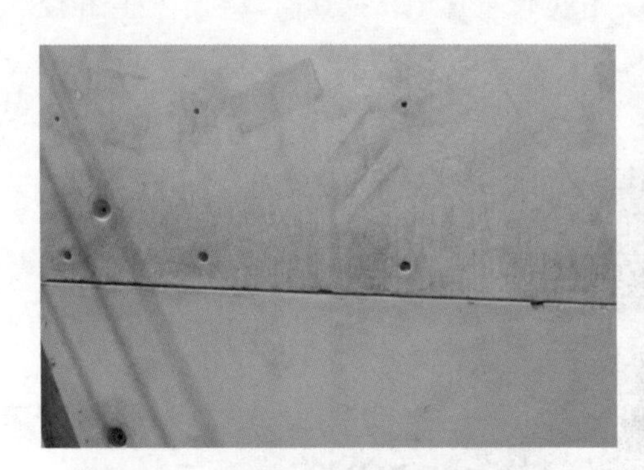

图 3-19　预制墙板底部水平缝间距过小

图 3-20　暗埋管线交叉密集

【防治措施】

（1）施工时严格控制楼板下部模板支撑的水平标高，同时严格控制现浇混凝土楼面标高。预制构件安装之前应测量标高，对于现浇楼面标高偏差较大的应进行整改，复测标高合格后方可吊装构件。

（2）当设计采用叠合楼板埋设管线的，现浇层厚度不宜小于 80mm。设计时应提前考虑管线走向的合理规划，避免施工时管线随意交叉。

（3）推荐采用结构与管线分离体系，即管线不埋于结构楼板内。

6. 预制梁纵筋连接用水平灌浆套筒安装不到位

【原因分析】

（1）由于预制梁生产及安装误差过大，需要连接的梁两端纵筋中心偏差超出灌浆套筒连接允许范围，导致水平灌浆套筒无法安装。

（2）由于水平灌浆套筒内部不设隔挡，钢筋伸入长度不易控制，使得其中一端钢筋伸入套筒内长度不满足 $8d$ 深度设计要求。

【防治措施】

（1）预制梁外伸钢筋中心偏差不超过 ±2mm；预制梁安装误差不超过 ±3mm。

（2）操作时需提前在钢筋上做好伸入长度位置标记，操作时以利于检查和控制（如图 3-21 所示）。

图 3-21　水平灌浆套筒安装

7. 预制梁端部安装时压碎预制柱顶周边混凝土

【原因分析】

（1）预制梁端设计为伸入预制柱截面内 10mm，预制梁吊装就位时下落过快与预制柱碰撞，导致预制柱边部分混凝土被压碎（如图 3-22 所示）。

（2）由于预制梁底竖向临时支撑变形使得梁下沉，又因梁端底部紧贴于柱顶之上，梁下沉使得柱顶周边混凝土保护层局部受压而破损。

【防治措施】

（1）预制梁安装就位时，应做好梁底限位支撑，距离柱面 300mm 高度时应缓慢下落，防止预制构件碰撞。

（2）梁底与柱顶宜留设适当间隙以适应临时支撑的变形。

图 3-22　预制柱保护层被压碎

8. 预制构件安装偏差超出允许范围

【原因分析】

（1）水平预制构件下部支撑的标高控制不当。楼板底部采用满堂钢管扣件脚手架支撑，用传统木楔作为调整标高手段，微调精度差、易变形。

（2）预制阳台等非对称构件安装后竖向标高及水平限位均控制不当。预制非对称构件形状较为复杂，且构件较重不易调整，下部支撑方案及支撑位置较为讲究，施工单位普遍未予以重视。

（3）预制墙板构件安装后垂直度偏差较大，相邻构件拼缝不齐（如图 3-23 所示）。

（4）预制构件安装时偏差在允许范围内，但后续工种作业对已安装完成构件产生扰动。

图 3-23　相邻构件拼缝不齐

【防治措施】

（1）预制水平构件安装时下部支撑应采用带有标高微调功能的支撑件，比如专用独立钢管支架或者传统钢管加旋转顶托（如图 3-24 所示）。

（2）预制阳台等非对称构件安装时，宜根据重心位置设置支撑系统，防止构件向外滑移或倾覆。

（3）预制墙板构件安装时应先根据测量标高放置下部垫块，垫块宜采用多种厚度规格的钢板。墙板垂直度调整应与测量同时进行，边调边测，条件允许时可采用测控一体化专用工具（如图 3-25 所示）。墙板安装后应对相邻构件平整度进行复核，保证偏差在允许范围内。预制构件安装累积误差应满足规范要求，而非仅测量单一楼层单一构件。

（4）混凝土浇筑前应对已安装预制构件精度进行复核。

图 3-24 独立钢支撑

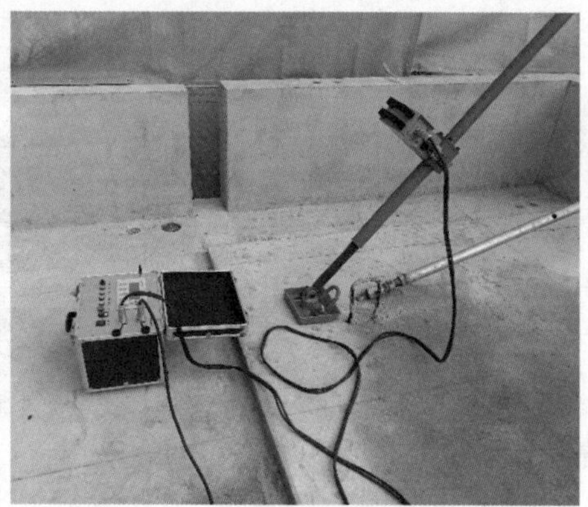

图 3-25 一体化测控调垂工具

9. 预制构件临时斜撑杆及配件样式繁多，规格不匹配

【原因分析】

（1）各施工单位根据自身习惯使用不同的斜撑形式，而施工单位介入时往往设计已完成，有时构件也已生产，就会产生施工方式不适应或施工单位自配的斜撑杆与预制墙板预埋件不匹配的情况发生。施工单位有时会对已有产品进行简易改造，如斜撑杆切割变短或焊接加长等（如图 3-26 所示），质量难以保证。

（2）接驳连接金属件未按照设计图纸加工制作，随意变更，如金属环钩直径变细、环钩横筋无故取消等（如图 3-27 所示），使得斜撑杆未起到应有作用，导致预制墙板走位偏移。

图 3-26　斜支撑随意切割拼接

图 3-27　预埋环钩无横筋、变形

【防治措施】

（1）施工单位应事先熟读设计图纸，了解预制构件特点及设计意图，配置适合工程要求的斜撑形式及预埋件，不应对成品支撑杆件随意改造。

（2）当设计图纸有明确配件形式要求时，应严格按图纸选购或加工配件，在预埋配件时应与设计要求的材料、位置、做法相符（如图 3-28 所示）。如设计无要求时，施工单位应提前对支撑系统及预埋件进行策划，并提资给深化设计单位。

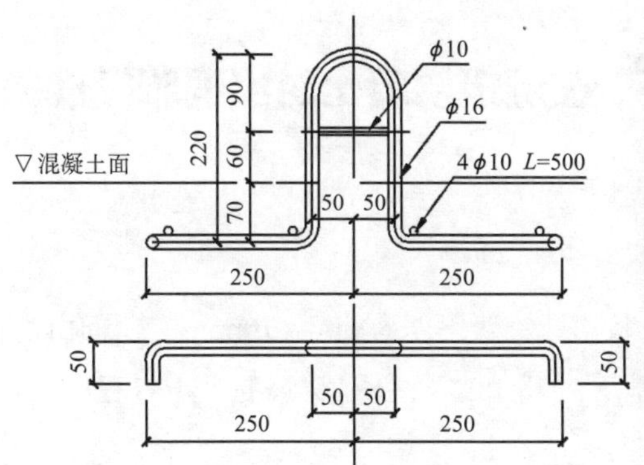

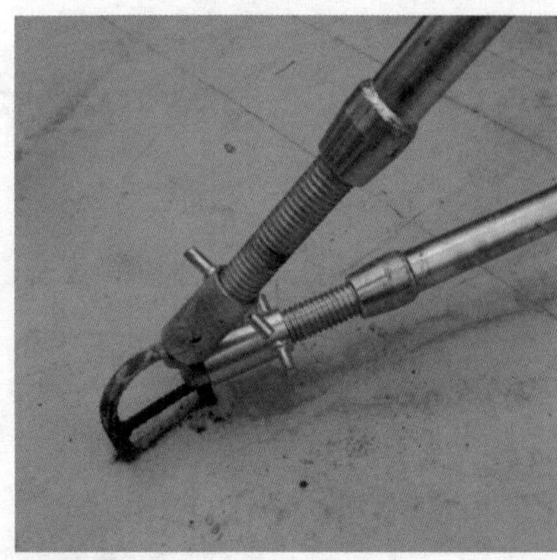

图 3-28　斜撑下端预埋环钩

10. 单面叠合墙板（PCF）在浇筑混凝土时出现胀模现象

【原因分析】

（1）由于单面叠合墙板（PCF）较薄，一般厚度为 60 ～ 70mm，在深化设计时墙板上未考虑设置桁架钢筋做补强，使得 PCF 构件在浇筑混凝土过程中易产生变形弯曲 (如图 3-29 所示)。

（2）单面叠合墙板一般兼作外模板，必须与现浇层叠合后组合为完整墙体，因此现浇层内侧需支设模板，而支模拉结螺杆相应的预埋件布置位置不合理，导致合模质量不佳，混凝土浇筑时容易变形。

（3）相邻的预制单面叠合墙板未安装板板连接件，缺少限位控制措施，混凝土浇筑时相邻墙板变形不一致，外侧产生错台（如图 3-30 所示）。

图 3-29　PCF 未设置桁架筋

图 3-30　预制墙板浇筑时发生位移

【防治措施】

（1）PCF 墙板由于板薄易变形，因此需配置桁架钢筋补强。需注意的是桁架钢筋会有与内侧现浇墙钢筋冲突的情况发生，一种处理方式是采用中心高度较小的桁架钢筋，控制上弦筋露出混凝土面外凸高度在 20mm 以内，可避免与现场排布钢筋冲突（如图 3-31 所示）；另一种是由于高度较小的桁架钢筋不满足墙板整体刚度要求，须布置高度较大的桁架钢筋，现浇墙钢筋可利用桁架钢筋上弦筋作为筋网的一部分，当穿过桁架钢筋时也可以利用其作为搁置固定点。

图 3-31　纵横高矮桁架筋

（2）单面叠合墙板（PCF）与内侧现浇层组合时，内侧模板拉结螺杆位置需根据实际施工情况合理排布。由于模板支撑体系较多，如木模、铝模、钢模、组合模等，应提前开展施工技术策划，确保拉结螺杆都可实施操作到位。深化设计时拉结螺杆排布应考虑施工操作空间，尤其转角部位需考虑互相干涉避让。下部螺杆排布应适当加密、缩小间距。考虑预制外墙的整体防水性能，拉结螺杆连接方式宜采用在 PCF 内侧预埋内置螺母套管和采用分段式拉结螺杆（如图 3-32 所示）。

图 3-32　PCF内侧与拉结螺杆连接

（3）左右相邻 PCF 墙板宜在竖向接缝两侧的上中下各安装一组板板连接件，连接件应具有一定刚度并连接紧固，可起到协同相邻两侧墙板变形的作用。板板连接件也可安装在上下相邻 PCF 墙板上，可起到防止墙板下端胀模变形作用，施工时应保证板板连接件上下对齐，连接牢靠（如图 3-33 所示）。

图 3-33　横向与纵向板板连接件

11. 钢筋套筒灌浆连接施工质量缺乏有效管控

【原因分析】

（1）灌浆操作工人未经过专业培训，对钢筋连接套筒灌浆的原理不了解，质量控制关键点不清楚。

（2）施工单位相关管理人员对套筒灌浆相关技术规程、文件规定不了解。

（3）缺乏套筒灌浆质量检测的全面快速、简易有效手段，尤其是灌浆操作过程检测，目前主要依靠操作人员责任心、个人专业技能。

（4）灌浆操作过程出现意外情况导致灌浆质量缺陷，缺乏有效的事后修补措施。

【防治措施】

（1）预制构件套筒灌浆是一项专业化程度较高的特殊作业，灌浆操作人员须经专业培训后方可上岗。

（2）施工质量管理人员应加强学习灌浆作业相关的行业与地方标准，以及管理性文件要求等，切实做好质量证明文件核查、材料进场复检、连接接头平行试件检验等工作，施工过程影像留痕并做记录（如图 3-34 所示），加强监督管理。

图 3-34　灌浆施工全过程视频资料

（3）目前行业里已有的检测方法有：预埋传感器法、钻孔内窥镜法、X 射线数字成像法、预埋钢丝拉拔法。事中检测可采用预埋传感器法（如图 3-35 所示），在检测灌浆饱满度的同时可实现灌浆质量管控。事后检测可采用钻孔内窥镜法（如图 3-36 所示），必要时可用 X 射线数字成像法（如图 3-37 所示）或预埋钢丝拉拔法（如图 3-38 所示）进行校核。鼓励研发更多的套筒灌浆质量检测技术，形成实用有效的检测方法。各种检测方法适用性汇总见表 3-2。

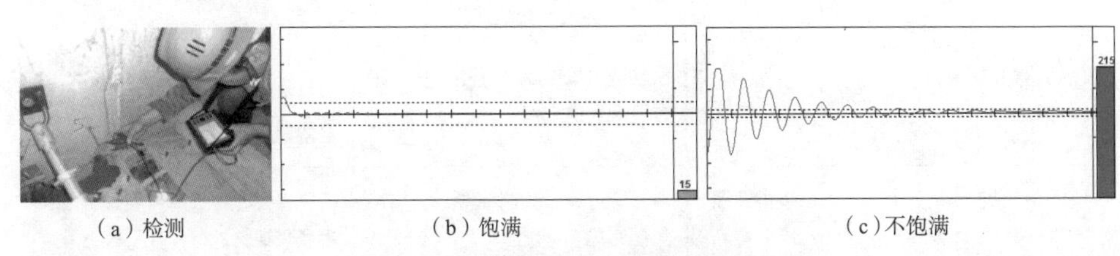

（a）检测　（b）饱满　（c）不饱满

图 3-35　预埋传感器法现场检测灌浆饱满度

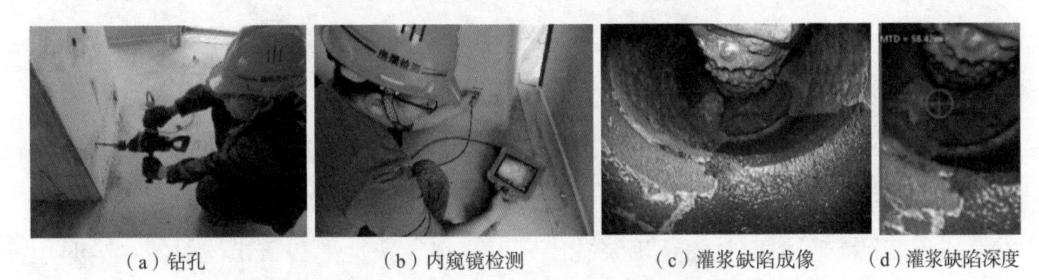

（a）钻孔　（b）内窥镜检测　（c）灌浆缺陷成像　（d）灌浆缺陷深度

图 3-36　钻孔结合内窥镜法现场检测灌浆饱满度

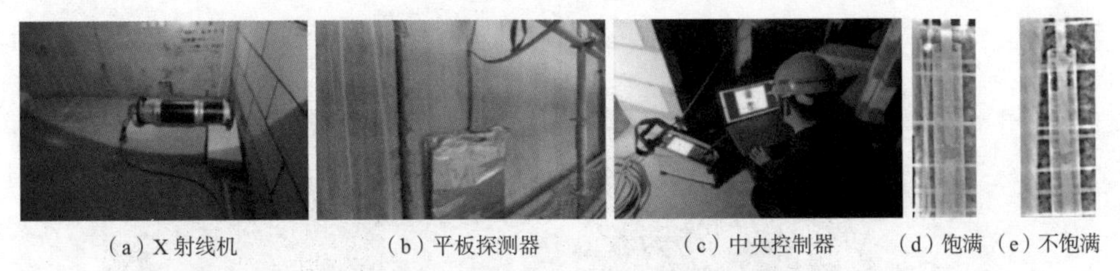

（a）X 射线机　（b）平板探测器　（c）中央控制器　（d）饱满　（e）不饱满

图 3-37　X 射线法现场检测灌浆饱满度

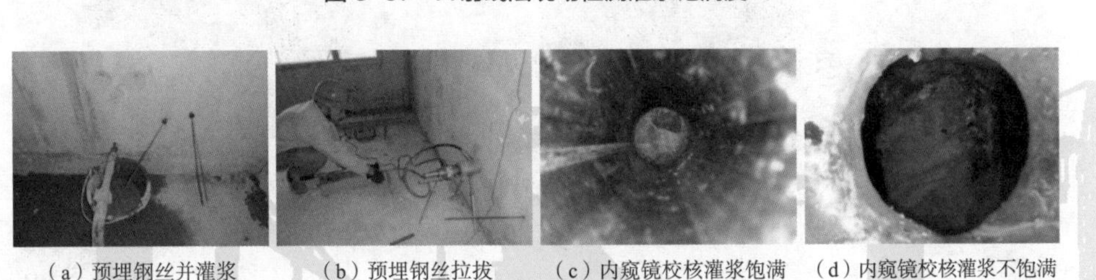

（a）预埋钢丝并灌浆　（b）预埋钢丝拉拔　（c）内窥镜校核灌浆饱满　（d）内窥镜校核灌浆不饱满

图 3-38　预埋钢丝钢丝拉拔法现场检测灌浆饱满度

各种检测方法适用性汇总表　　表 3-2

检测方法	结果显示	适用阶段	适用范围	优点
预埋传感器法	波形和数据	事中检测	预制剪力墙、预制柱等，套筒出浆孔外接直管	在出浆孔预埋传感器，检测结果易于判别，发现问题可及时进行补灌，可实现施工过程控制
钻孔结合内窥镜法	图形和数据	事后检测	预制剪力墙、预制柱等，套筒出浆孔外接直管	检测方法相对简单，在出浆孔钻孔后可通过内窥镜带测距功能的探头量测灌浆缺陷深度
X 射线数字成像法	图形和数据	事后检测	预制剪力墙中单排居中、梅花形布置形式的套筒	不需预埋检测元件，不需破损，成像清晰度高且可基于灰度进行定量识别
预埋钢丝拉拔法	数据和图形	事中预埋 事后检测	预制剪力墙、预制柱等，套筒出浆孔外接直管	简单方便，拉拔后可通过内窥镜对灌浆缺陷进行校核

（4）应加强灌浆过程质量控制，采用方便观察且有补浆功能的器具监测灌浆的饱满性。对于灌浆不饱满情况，目前行业已有的修复技术是钻孔注射补灌技术：①在出浆孔位置钻孔。②将与注射器相连的透明软管放入钻孔孔道。③向注射器内倒入灌浆料，缓慢推动注射器活塞进行注浆，如果一次注射浆料不足，可重复以上步骤。④注射补灌至出浆孔出浆时，继续边注射边拔出注射器，同时用橡胶塞封堵出浆孔。鼓励研发更多的灌浆质量缺陷有效事后修复方法（如图 3-39 所示）。

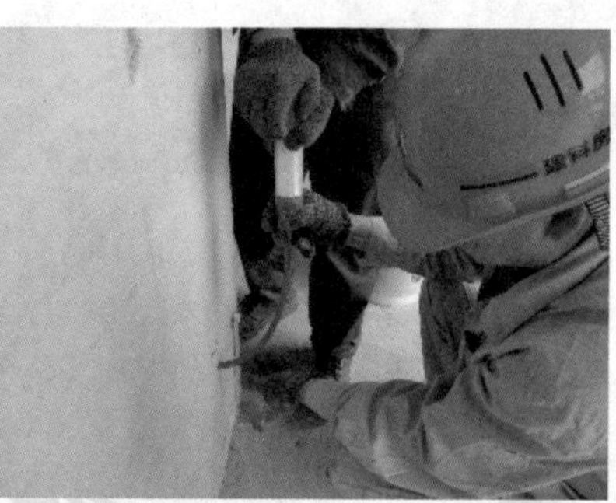

图 3-39　灌浆缺陷注射修复

12. 连通腔灌浆工艺施工时，发生封堵料被顶开漏浆现象

【原因分析】

（1）设计未明确封堵材料性能指标要求，施工单位材料选用不当，粘结力与强度不足，不具有快干早强性能。

（2）封堵料养护时间不足或养护方法不当，造成封堵料被顶开。

（3）未根据底部水平缝宽度及部位采用合理封堵方式。

（4）底部水平缝内有施工残渣或垫片过大阻塞浆料流淌，导致局部压力增大而爆仓漏浆（如图 3-40 所示）。

（5）灌浆机械设备无调速功能，压力过大、浆料流速过快。

图 3-40　灌浆过程爆仓漏浆

【防治措施】

（1）底部水平缝连通腔灌浆是利用专用灌浆设备，通过压力注浆让浆料流经水平缝再逐个把套筒内溢满填实，底部水平缝外围是否封堵牢靠，是顺利完成灌浆作业的前提条件。封堵方式分为材料封堵与措施封堵，当采用材料封堵时，设计中应明确封堵材料性能指标要求，宜使用无收缩、早强、快干型专用封堵料，并按产品使用说明书拌制浆料。

（2）根据气候条件确定养护龄期和养护方法，严禁过早灌浆。夏季浆料拌合物水分易流失，应提前将基面湿润。冬季水平缝封堵后宜覆盖保护膜进行养护（如图 3-41 所示）。

（3）应根据底部水平缝宽度及基层条件，选用适宜的封堵方式。对于外围临边外墙的底部水平缝一般采用内嵌式封堵，事先判断基面接缝是否有明显缺棱掉角，缝宽是否存在超宽或超窄情况。嵌填时嵌入深度宜为 15 ~ 25mm，采用专用挡条控制嵌入深度并嵌填紧实（如图 3-42 所示）。对于内侧有楼板的底部水平缝可采用内嵌式也可采用截面外倒角封堵（如图 3-43 所示）。

（4）封堵作业前应用大功率鼓风机沿缝吹出残渣，并逐孔对套筒注浆孔进行吹风清孔，确保灌浆路径无杂物（如图 3-44 所示）。预制剪力墙下部调节标高垫片应控制其平面尺寸，不宜大于 60mm × 60mm。

（5）灌浆机械设备宜具有多挡调速功能，灌浆压力不宜大于 0.4MPa，宜匀速慢送。输浆软管不宜过长，一般在 3m 以内。灌浆作业时随时观察周围封堵情况，一旦发现有轻微漏浆应立即调低压力，局部发现有爆仓的应立即关停设备，采用木方回顶加固并用水玻璃等速凝材料进行防渗处理后可继续灌浆，全程应在 30min 内完成作业。

图 3-41　水平缝封堵覆膜养护

图 3-42　专用挡条

图 3-43　外倒角封堵

图 3-44　鼓风机清理残渣

13. 连通腔灌浆工艺施工时，出浆孔不出浆

【原因分析】

（1）连通腔水平缝封堵不牢，边灌边漏，浆料无法上行。

（2）灌浆仓格区间过大，连通腔路径过长，使得远端套筒不出浆。

（3）套筒底部附近有杂物未清理，随着浆料进入套筒内造成堵塞。

（4）灌浆料水灰比不精准，浆料搅拌不充分，以及基层未提前湿润等原因使得浆料流动度不足、过早干硬而无法送达远端。

（5）预制构件生产时水泥浆渗入套筒造成堵塞，且构件进场验收未进行有效检查。

【防治措施】

（1）参照本篇第12条防治措施，确保封堵牢靠。

（2）合理划分连通腔灌浆仓格区间（如图3-45所示），预制剪力墙仓格长度不应超过1.5m，夏季仓格长度宜为1m以内。分仓材料可采用与封堵料同一种材料。

图3-45 连通腔灌浆分仓

（3）构件吊装前用鼓风机吹清施工界面杂物。

（4）灌浆料拌制配比应严格按产品说明书，不得随意改变水灰比并充分搅拌，灌浆前对基面进行湿润处理（如图3-46所示）。

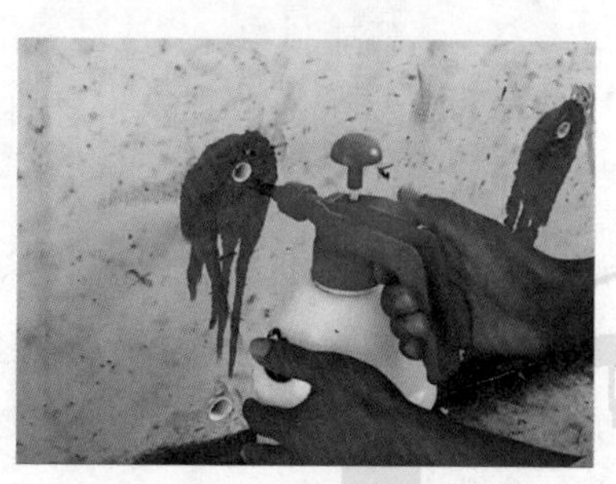

图3-46 基面喷水湿润

（5）预制构件生产时应采取有效措施防止水泥浆从插入钢筋周边以及软管接口处渗入套筒内。预制构件进场及安装前对套筒孔道进行检查，清理杂物，确保畅通。

14. 连通腔灌浆正常施工后，发生套筒内饱满度不足的质量缺陷

【原因分析】

（1）灌浆施工过程中一般不能更换注浆孔，所以注浆孔是最后一个用软塞封堵的孔洞，当灌浆软管枪嘴拔出瞬间，浆料也会随之流出，如果堵孔不及时会造成套筒内浆料液面普遍下降。

（2）灌浆过程中发生已出浆并塞紧的套筒下部孔道软塞被顶出现象，操作人员虽及时将漏浆孔道再次塞紧，但此时该套筒内部浆料液面已下降，造成后续检查发现套筒内饱满度缺陷。

（3）灌浆施工过程是浆料与空气体积置换的过程，如果灌浆速度过快，会使得空气不能及时排出，灌浆后随着浆料逐渐下沉，也会造成套筒内饱满度缺陷。

【防治措施】

（1）灌浆作业应不少于2人同时配合，当灌浆孔枪嘴拔出时应及时封堵塞紧，若流出浆料较多应再次灌注并持压一段时间后再拔出枪嘴。

（2）灌浆过程中若有个别套筒的下部孔软塞被顶出，在及时回堵的同时应拔除该套筒的上端孔软塞，待上部孔再次出浆后重新塞紧。

图3-47 浆料拌均后静置排气

（3）浆料拌制均匀后应静置排气且刮除表面上浮气泡（如图3-47所示），控制灌浆压力不宜大于0.4MPa，使得空气有足够的时间置换出去。灌浆施工结束后约15min应拔除个别出浆孔软塞进行抽检，发现饱满度不足的应及时补浆。出浆孔除了用软塞封堵以外，还可以在孔道口接上弯软管或塑料小斗起到重力补浆作用（如图3-48所示）。

图3-48 孔道口接上弯软管

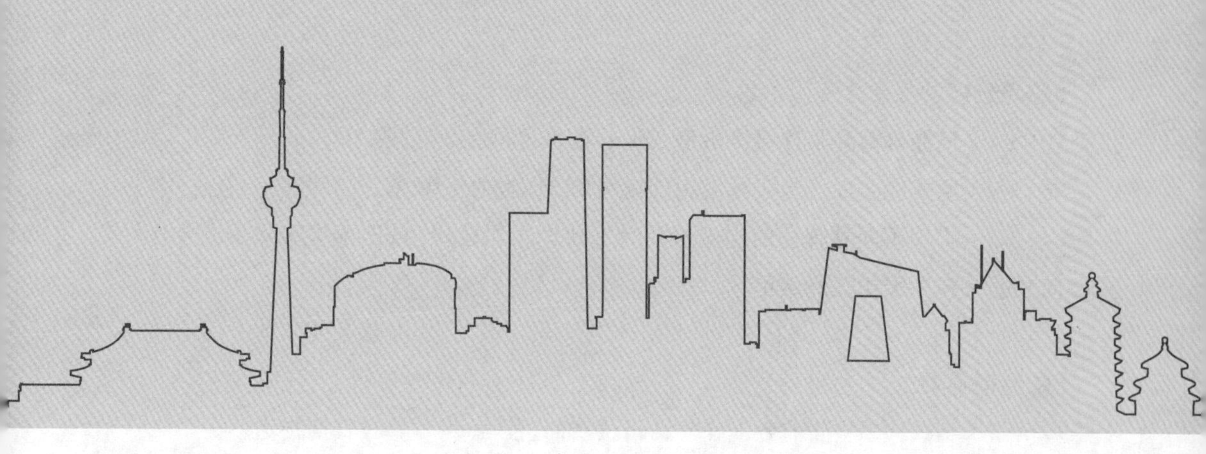

四、检验篇

1. 钢筋套筒灌浆连接接头型式检验不符合要求

【原因分析】

（1）钢筋套筒灌浆连接接头型式检验报告超过有效期限。

（2）型式检验报告与实际使用的接头形式、材质、规格、品牌等不一致。

（3）采用不同品牌套筒与灌浆料时，缺少匹配检验；或匹配检验缺少灌浆套筒和灌浆料厂家相互确认单。

【防治措施】

（1）型式检验报告有效期 4 年，可按套筒进厂（场）验收日期判定。

（2）型式检验报告是针对特定送检的材料、规格、工艺及品牌进行检验、认证。具有一定的适用性和针对性，当出现下述情况的变化时则应重新进行型式检验：

1）钢筋与套筒接头形式、材质、生产工艺变化时；

2）灌浆料材质、型号、品牌变化时；

3）连接钢筋强度等级、外观肋型发生变化时。

（3）当采用的灌浆套筒与灌浆料为不同品牌（厂家）时，除应具备型式检验报告外，还应进行匹配检验，并应附匹配双方的相互确认单。

2. 预制构件制作前接头工艺检验不符合要求

【原因分析】

（1）工艺检验试件未在构件生产制作前完成。

（2）竖向钢筋套筒灌浆连接试件制作时未采用竖直放置接头，未能真实模拟灌浆施工条件，试件制作方法错误。

（3）采用半灌浆套筒时，钢筋丝头加工方法不正确。

【防治措施】

（1）套筒灌浆连接接头的工艺检验须在预制构件生产（套筒预埋）前完成并进行送检。以免因工艺检验不合格，造成重大损失。同时要求接头试件及灌浆料试件应在标准养护条件下养护28d，试件送检应符合现行行业标准《钢筋套筒灌浆连接应用技术规程》JGJ 355 相关要求。

（2）工艺检验目的是通过模拟实际灌浆作业工况来检验接头质量，因此在人员、设备、材料、环境等方面应真实模拟实际施工状态。要求灌浆姿态、封堵方式、材料性能等制作条件均应符合实际施工要求。

（3）半灌浆套筒机械连接端加工时，应按现行行业标准《钢筋机械连接技术规程》JGJ 107 的规定对丝头加工质量及拧紧的力矩进行检查。操作人员应进行培训后上岗。

3. 灌浆施工前接头抗拉强度检验不符合要求

【原因分析】

（1）送检单位将套筒接头抗拉强度检验与接头工艺检验二者概念混淆，导致检验缺项。

（2）实际灌浆施工前未取得接头试件抗拉强度检验报告。

【防治措施】

（1）接头工艺检验应在构件制作前完成，接头抗拉强度检验应在灌浆施工前完成，二者在下述条件不变时可以合二为一：

1）钢筋；

2）套筒；

3）灌浆料；

4）操作人员。

（2）灌浆施工应在接头试件抗拉强度检验报告取得后方可进行。

4. 预埋吊件进厂检验不符合要求

【原因分析】

（1）在预制构件生产加工前，未对预埋吊件进行进厂检验。

（2）预埋吊件的拉拔试验在加载过程中的加载方式及加载速率不符合要求。

【防治措施】

（1）预埋吊件进厂时应进行外观质量检查以及受拉性能检验。预埋吊件受拉性能应满足产品要求。

（2）在试验中为了消除初始误差宜采用预加载的方式，预加载的值为预计极限荷载的 5%，在连续加载过程中加载速率为 2kN/s，但加载时间不应小于 1min，应避免突然加载。

5. 夹心保温连接件型式检验报告不规范或缺少型式检验报告

【原因分析】

（1）夹心保温连接的型式检验报告与实际使用连接件类型不符合。

（2）型式检验报告有效期过期，造成报告无效。

（3）连接件进厂复检结果与型式检验报告的结果有较大差异。

【防治措施】

（1）当出现产品所使用的材料、加工工艺出现变化时应根据实际产品类型进行送检，并满足型式检验所有项目后方可使用。

（2）型式检验报告有效期在产品连续生产时一般为3年，有效期可以以材料进厂验收时间进行计算。

（3）根据现行行业标准《预制保温墙体用纤维增强塑料连接件》JG/T 561的要求，当材料进厂复检结果与型式检验报告发生较大差异时，型式检验报告可视为无效，应分析原因重新送检。

6. 缺少夹心保温连接件抗拉、抗剪承载力复检报告，平行试件制作不满足要求

【原因分析】

（1）预制构件生产单位未断夹心保温连接件抗拉、抗剪承载力复检，相应检验报告缺项。

（2）试件的检验数量与批次不合规，试件的制作尺寸与型式不满足要求。

【防治措施】

（1）夹心保温连接件进厂时应提供型式检验报告，预制构件生产单位应按批次抽取样品制作平行试件，对连接件抗拉、抗剪性能进行复检。

（2）夹心保温连接件检验批可参照预埋件的检验批进行划分，且同一批次应制作 5 个平行试件。平行试件应结合连接件的类型、尺寸进行制作。可参考上海市工程建设规范《预制混凝土夹心保温外墙板应用技术标准》DGTJ 08—2158—2017 附录 A。

7. 锚固板试件制作及抗拉强度检验方法不满足要求

【原因分析】

（1）锚固板钢筋连接接头位置的加工工艺不满足要求。

（2）锚固板钢筋连接强度试件制作的尺寸或形式不满足要求。

【防治措施】

（1）锚固板钢筋连接接头一般采用螺纹连接。螺纹连接锚固板钢筋丝头加工应符合《钢筋锚固板应用技术规程》JGJ 256—2011 第 5.1 节、第 5.2 节的要求。现场还应进行如下检验：

1）工艺检验；

2）抗拉强度检验；

3）螺纹连接锚固板的钢筋丝头检验和拧紧扭矩检验。

（2）钢筋锚固板试件的长度不应小于 250mm 和 10d 且试件抗拉检验方法可参考《钢筋锚固板应用技术规程》JGJ 256—2011 附录 A 的要求。

8. 石材反打饰面锚固件的性能检验不满足要求

【原因分析】

（1）构件制作前，未提供锚固件的抗拉和抗剪检验报告。

（2）试件检验过程中的混凝土材料强度高于构件混凝土强度等级。

【防治措施】

（1）石材反打饰面的预制构件制作前，应完成锚固件的抗拉和抗剪性能检测，试验加载方式可参考《预制保温墙体用纤维增强塑料连接件》JG/T 561—2019 附录 B、附录 C 的要求。

（2）在试件加载时，同条件养护的混凝土试块抗压强度等级不宜高于预制构件混凝土强度一个等级。

9. 面砖反打饰面粘结强度检验不满足要求

【原因分析】

（1）构件制作前，未提供面砖与标准块粘结强度检测报告。

（2）对完成后的面砖反打的预制构件，未进行实体粘结强度抽检。

（3）面砖反打构件养护时间不满足检测要求，造成检测数据不正确。

【防治措施】

（1）面砖与标准块之间的粘结应根据现行行业标准《建筑工程饰面砖粘结强度检验标准》JGJ/T 110 的制作方法进行制作。标准块胶粘剂的粘结强度宜大于 3.0MPa。

（2）对于采用面砖反打饰面工艺的预制构件在构件生产完成后达到养护要求时还需要随机抽取检测样本进行粘结强度检测。粘贴饰面砖粘结强度检验应以每 1000m^2 同类墙体饰面砖为一个检验批，不足 1000m^2 应按 1000m^2 计，每批应取一组 3 个试样，每相邻的三个楼层应至少取一组试样，试样应随机抽取，取样间距不得小于 500mm。

（3）采用水泥基胶粘剂粘贴外墙饰面砖时，应根据粘结材料的使用说明书规定时间或粘结外墙面砖 14d 及以上，方可进行饰面砖粘结强度的检验。

10. 预制构件接缝密封胶与基材相容性检验不合格

【原因分析】

（1）密封胶选择错误，与混凝土构件基材或相应配套附件粘结性能差。

（2）预制构件胶接面处理不当，使得密封胶与基材粘结性能不足：

1）未按产品要求使用配套底涂液，或未在底涂有效时间段内打胶施工，导致界面粘结不牢；

2）未设置背衬材料或背衬材料未按压密实等原因造成胶体背面支撑力不够导致密封胶和界面接触不良；

3）基材粘结面潮湿，残留有隔离剂、灰尘、颗粒等杂质，或基面未修补平整，导致界面粘结不良。

（3）预制构件接缝施胶工艺操作不规范，局部施工未嵌实、压紧；打胶施工气候环境条件不符合要求，造成粘结不牢。

【防治措施】

（1）选用合适材质和性能的密封胶。在施胶之前可选择几种类型的密封胶材料进行密封胶相容性试验。相容性试验要求及方法参见《装配式建筑密封胶应用技术规程》T/CECS 655—2019 附录 B 的相关内容。

（2）双组分密封胶应使用配套底涂液，单组分密封胶建议使用底涂液。打胶作业应于底涂涂刷 30min 以后、表干时间之前进行，底涂液表干时间一般为 8 ~ 10h，底涂液表面须做到无浮灰、浮渣。应使用不粘型背衬材料，例如 PE 棒，防止胶体出现三面粘结。PE 棒材料要求密度不小于 $37kg/m^3$，直径尺寸不小于缝宽的 1.5 倍。接缝打胶时应保证接缝粘结面基材处于干燥状态，表面应保证无浮灰、浮渣等影响粘结的杂质。

（3）施工时，应按压、刮平密封胶，确保密封胶和基材充分粘结。打胶作业环境温度不应低于 5℃且不应大于 35℃。接缝施胶粘结性能检测方法可参照《建筑用硅酮结构密封胶》GB 16776—2005 附录 D 方法 A 进行现场手拉剥离试验。试验应在胶体完全固化后进行，双组分胶一般不少于 1d，单组分胶一般不少于 7d。

11. 预制外墙防水接缝淋水试验检验方法不符合要求

【原因分析】

（1）淋水试验所依据的标准不正确。

（2）淋水试验的检查部位及检查数量不符合要求。

【防治措施】

（1）对于预制外墙接缝淋水试验检验标准宜依据现行行业标准《建筑防水工程现场检测技术规范》JGJ/T 299，淋水管线内径宜为 20 ± 5mm，管线上淋水孔的直径宜为 3mm，孔距离为 180 ~ 220mm，离墙距离不宜大于 150mm，淋水水压不应低于 0.3MPa，并应能在待测区域表面形成均匀水幕。淋水试验应自上而下进行，淋水孔布置宜正对水平接缝。持续淋水时间不应少于 30min。

（2）装配式建筑外墙防水施工质量对装配式建筑至关重要，建议对外墙接缝处进行淋水试验的全检，以确保外墙防水的可靠性。

12. 预制构件结构性能检验目标和方式不符合要求

【原因分析】

（1）设计未对需要进行结构性能检验的预制构件的类型提出要求，造成后续检验资料缺项。

（2）试件加载方式不满足设计要求，造成检测指标失真。

（3）构件结构性能检验送检时间及检测报告出具单位不符合要求。

【防治措施】

（1）设计应根据《混凝土结构工程施工质量验收规范》GB 50204—2015 的要求，对预制简支受弯构件应进行结构性能检验。例如，简支受弯预制楼梯、双 T 板等构件。

（2）设计应提出相应的结构性能检测要求，应明确加载方式、加载量、承载力、挠度、裂缝等检测指标要求。加载方式应与实际构件的受力方式相吻合。对于结构性能检测的具体方法可参见《混凝土结构工程施工质量验收规范》GB 50204—2015 的附录 C 的要求。当采用荷重块进行均布加载试验时，荷重块应按区格成垛堆放，垛与堆之间间隙不宜小于 50mm，荷重块的最大边长不宜大于 500mm。避免出现因构件弯曲变形使荷重块相互挤压形成拱效应，造成构件承载能力提高的假象。

（3）预制构件结构性能检验应在构件进场前送检。检验场地宜在第三方实验室或构件厂。检验报告应由具备相应资质的第三方检测机构出具。